Berechnungsgrundlagen und konstruktive Ausbildung von Einlaufspirale und Turbinensaugrohr bei Niederdruckanlagen

Von der

Badischen Technischen Hochschule Fridericiana
zu Karlsruhe zur Erlangung der Würde
eines Doktor-Ingenieurs

genehmigte

Dissertation

Vorgelegt von

Dipl.-Ing. **Herbert Rohde**

Reval

Referent: Professor Dr.-Ing. E. Probst
Korreferent: Professor W. Spannhake

Tag der mündlichen Prüfung: 3. Februar 1931

Springer-Verlag Berlin Heidelberg GmbH 1931

ISBN 978-3-642-51922-2   ISBN 978-3-642-51984-0 (eBook)
DOI 10.1007/978-3-642-51984-0

Als Buch erschienen im Verlage von
Springer-Verlag Berlin Heidelberg 1931
Ursprünglich erschienen bei Julius Springer, Berlin, 1931

Lebenslauf.

Als Sohn des Bankbeamten Karl Robert Rohde und seiner Ehefrau
Emilie geb. Johannson am 12. Mai 1898 in Reval geboren, besuchte
ich die dortige Volksschule und Oberrealschule und legte im Jahre 1916
meine Reifeprüfung ab. Daraufhin studierte ich anderthalb Semester an
der Bauingenieurabteilung der Technischen Hochschule in Petersburg
und ließ mich im Jahre 1918 an der von der deutschen Verwaltung neu-
eröffneten Baltischen Technischen Hochschule in Riga immatrikulieren.
Nach vierjähriger praktischer Tätigkeit auf verschiedenen Baustellen,
u. a. 2 Jahre als Geometer bei der Topo-Hydrographischen Verwaltung
in Reval, bezog ich im Sommersemester 1923 die Technische Hochschule
in Karlsruhe und legte dortselbst zu Anfang des Sommersemesters 1926
mein Diplomexamen ab. Von Juni bis November 1926 war ich als Privat-
assistent von Geheimrat Rehbock im Flußbaulaboratorium der Technischen Hochschule Karlsruhe beschäftigt. Von Dezember 1926 bis
November 1928 stand ich in den Diensten des Ruhrverbandes Essen.
Seit November 1928 bin ich als planmäßiger Assistent von Prof. Probst
beim Lehrstuhl für Eisenbeton an der Technischen Hochschule Karlsruhe tätig.

Inhaltsverzeichnis.

A. Allgemeine bautechnische Gesichtspunkte beim Entwurf des Krafthauses.

Das Krafthaus, welches die hydraulischen und elektrischen Maschinen sowie die zugehörigen Beton- und Eisenbetonkonstruktionen enthält, bildet ein einheitliches Ganzes. Bei der Neuanlage eines Wasserkraftwerkes ist es daher von besonderer Wichtigkeit, daß der Bauingenieur mit dem Maschinen- und Elektroingenieur in engster Zusammenarbeit steht, damit unter Erfassung aller Faktoren in baulicher und maschinentechnischer Hinsicht Höchstleistungen erzielt werden können.

Die bauliche Durchbildung des Krafthauses wird von dem gewählten Turbinensystem beeinflußt, da Form und Abmessungen der Wasserwege in erster Linie vom Turbinenkonstrukteur festgesetzt werden.

Der Einbau der Turbinen erfolgt zur Zeit bis auf wenige Ausnahmen in vertikalachsiger Anordnung. Als Hauptvorteile in bautechnischer Beziehung sind hierbei zu nennen: reinliche Scheidung zwischen Wasserseite und elektrischer Seite, mit einfacher und klarer Überleitung der Lasten in den Untergrund; geringere erforderliche Grundrißfläche, daher Minderkosten für Fundamente; infolge des schmaleren Maschinenhauses wird die Spannweite des Laufkranes verkürzt und dementsprechend auch die Gesamtkosten des Kranes reduziert.

Der früher gemachte Einwand, daß bei vertikalachsiger Anordnung auch ein Mehraufwand für höhere Umfassungsmauern des Krafthauses notwendig werde, besteht heute vielfach nicht mehr, da man in Amerika[1] und seit einigen Jahren auch in Europa dazu ubergegangen ist, den Portalkran über dem Dach des Maschinenhauses anzuordnen oder auf ein eigentliches Maschinenhaus ganz zu verzichten.

Die Abmessungen eines Krafthauses sind im wesentlichen durch die Größe seiner Maschinen bestimmt. Die erforderliche Höhe ergibt sich daraus, daß genügend Raum vorhanden sein muß, um mit Hilfe des Kranes die größten Maschinenteile über die im Betrieb befindlichen Aggregate hinwegheben zu können. Diese Hubhöhe bedingt einen verhältnismäßig großen verlorenen Raum über den Maschinen.

Bei dem Kraftwerk Stiftsmühle[2] des Ruhrverbandes wurde diese Raumverschwendung dadurch vermieden, daß das Dach des Kraft-

---

[1] Engg. News Rec. **1922**, Nr 23.

[2] Spetzler: Die Ausnutzung der Laufwasserkräfte am Hengsteysee. Z. V. d. I. **74**, Nr 23 (1930).

hauses zwischen Maschinen und Kran angeordnet wurde. Der Kran fährt demnach als Portalkran im Freien über dem Dach. Die Maschinenmontage erfolgte durch entsprechend große Öffnungen in der Decke. Die Öffnungen sind durch Luken verschlossen und dienen nebenher zur reichlichen Entlüftung der Maschinenhalle.

Bei dem zur Zeit im Bau befindlichen Kraftwerk Wetter[1] des Ruhrverbandes ist dasselbe Konstruktionsprinzip angewandt worden; hierdurch wurde es möglich, das im oberen Teil ganz aus Glas und Eisen bestehende Maschinenhaus sehr niedrig zu halten und wesentlich an Baukosten zu sparen. Die Montage der Maschinen erfolgt auch hier vermittels des auf den Seitenwänden laufenden Portalkranes. Zu diesem Zweck ist das sehr leicht gebaute Dach in drei auf Rollen laufende, in der Längsrichtung verschiebbare Abschnitte, eingeteilt. Ferner wurde bei dieser Anlage auf die übliche Anordnung von beweglichen Schützen in den einzelnen Einlauföffnungen zu den Turbinenkammern verzichtet und statt dessen eine einzige Schütztafel vorgesehen, die vermittels des Kranes nach Bedarf versetzt werden kann, wenn Reparaturen usw. vorgenommen werden müssen, die eine Trockenlegung der Spirale erforderlich machen.

Ein weiterer Vorteil dieser Bauart besteht darin, daß es möglich ist den Montageplatz außerhalb des Krafthauses anzuordnen.

Die Wahl der Saugrohrform bestimmt natürlich in besonders hohem Maße die bauliche Ausgestaltung des Krafthausunterbaues. Daher ist die Wahl der Saugrohrbauart nicht allein ein technisches Problem der Hydraulik, sondern sie wird auch stark von wirtschaftlichen Erwägungen beeinflußt. Die damit im Zusammenhang stehenden konstruktiven Fragen sollen in den weiteren Abschnitten dieser Arbeit näher behandelt werden.

Auf die Notwendigkeit der Anordnung von Trennungsfugen bei Bauwerken von größerer Ausdehnung sei besonders hingewiesen. Man unterscheidet im allgemeinen zwischen Trennungs-, Schwind- und Temperaturfugen. In den meisten Fällen lassen sich alle drei vereinigen. Die Trennungs- oder Dehnungsfugen brauchen nur klein zu sein, es muß jedoch eine wirkliche Trennung durchgeführt sein. Wird dieser Frage von vornherein nicht die nötige Beachtung geschenkt, so werden spätere, mit größeren Kosten verbundene unangenehme Erfahrungen nicht ausbleiben. Die Zentrale von Laufenburg, welche mit 10 Aggregaten und den Nebenbauten eine Länge von 123 m hat, ist ohne Trennungsfuge ausgeführt worden. Eine unvermeidliche Arbeitsfuge und die Spannungen, welche durch das Schwinden des Betons entstanden, lösten sich in einem Riß aus, der durch die ganze Zentrale geht, und zwar hat dieser

---

[1] Rohde: Die Bauarbeiten am Ruhrkraftwerk Wetter. Bauing. **1930**, Nr 46.

Riß den schwächsten Punkt ausgesucht, indem er sich über der Turbinenachse der fünften Kammer bildete. Beim Entwurf moderner Kraftwerke hat man daher für die Anordnung einer genügenden Anzahl Trennungsfugen und die richtige Ausbildung derselben Sorge getragen[1].

B. Die Bedeutung des Saugrohrs.

Die konstruktive Durchbildung der Turbinensaugrohre hat beim Bau moderner Wasserkraftanlagen eine immer größere Bedeutung gewonnen und zum Teil, besonders in Amerika, zu ganz neuartigen Konstruktionsformen geführt. Der Anstoß zu dieser Entwicklung ist in der bedeutenden Steigerung der Schnelläufigkeit der modernen Wasserturbinen zu suchen[2]. Die Vergrößerung der spezifischen Drehzahl war bedingt durch das Verlangen unmittelbarer Kupplung mit den elektrischen Stromerzeugern.

Die Steigerung der spezifischen Schnelläufigkeit war nur durch gleichzeitige Erhöhung der Umfangsgeschwindigkeit und der Schluckfähigkeit möglich. Das erste Mittel bedingt große Relativgeschwindigkeit im Laufrad. Die damit verbundenen hohen Reibungsverluste wurden durch Herabsetzen der Schaufelzahlen, d. h. der Reibungsflächen, vermieden. Die hohe Schluckfähigkeit aber führt zu großen Geschwindigkeiten am Saugrohreintritt, d. h. zu großen kinetischen Energien des Wassers nach seinem Austritt aus dem Rad. Diese gilt es mit möglichst hohem Wirkungsgrad wieder in Druck umzusetzen.

Während also das Saugrohr ursprünglich lediglich dem Zwecke diente, das Gefälle zwischen Laufradaustritt und dem Unterwasser auszunutzen, da die Austrittsverluste der Jonval- und später der langsam laufenden Francisturbine sich innerhalb mäßiger Grenzen hielten und ein Gefällsrückgewinn im Saugrohr zwecks Erzielung eines genügenden Wirkungsgrades der Turbine nicht nötig war, kam es jetzt sehr darauf an, einen Teil der Austrittsverlusthöhe zurückzugewinnen.

Dies führte zu den sich nach unten konisch erweiternden Saugrohren, denen später bei Ausnutzung größerer Wassermengen die Beton-Saugkrümmer folgten. Wie bekannt, hat in neuerer Zeit eine weitere bedeutende Steigerung der Schnelläufigkeit der Wasserturbinen in der Konstruktion der Kaplan- und der Propellerturbine ihren Ausdruck gefunden. Dieses brachte auch eine weitere Vergrößerung der Austrittsverluste bis zu 30 bis 50% der total zur Verfügung stehenden Energie, und dementsprechend gewann die Frage der konstruktiven Durchbildung des Saugrohrs für den Turbineningenieur eine immer

---

[1] Vgl. Abschnitt F: Bauausführung.
[2] Dubs: Die Bedeutung des Saugrohrs. Wasserkraft-Jahrb. **1924.**

größere Bedeutung, weil nunmehr ein sehr wesentlicher Teil des an sich schon großen Austrittsverlustes in dem Saugrohr zurückgewonnen werden muß, wenn die Turbine einen guten Wirkungsgrad haben soll.

C. Die verschiedenen Bauarten der Einlaufspirale und des Turbinensaugrohrs.

I. Einlaufspirale.

An Hand der Abb. 1 sollen hier die verschiedenen Arten der Wasserzuführung zur Turbine, angefangen von der offenen Kammer für sehr kleine Gefälle bis zum Stahlgußgehäuse für die größten Gefälle, bei denen Francisturbinen noch zur Anwendung kommen, kurz besprochen werden.

Der offene Einbau (Abb. 1a) besteht oft nur aus einer rechteckigen Kammer, in welcher die Turbine steht. Es dürfte sich jedoch empfehlen, schon aus rein statischen Gründen der Rückwand eine Krümmung im Grundriß zu geben (Abb. 16). Man erhält so ein für die Rückwand viel günstigeres Kräftespiel, weil sie dann in waagerechter Ebene vorwiegend auf reinen Zug ohne Biegung beansprucht wird. Die Wandungen der Turbinenkammer werden meist als Eisenbetonkonstruktionen ausgebildet, da sie einseitigem Wasserdruck ausgesetzt sind oder ausgesetzt sein können. Eine Abart des offenen Einbaues zeigt Abb. 1b. Hier wird das Wasser in wirkungsvollerer Weise der Turbine zugeführt durch Verwendung eines spiralartigen Gehäuses.

In einzelnen Fällen, bei extrem niedrigen Gefällen, kann es vorkommen, daß nicht genügend Raum in senkrechter Richtung unter dem O.-W.-Sp. vorhanden ist, um die Turbine ins Wasser zu verlegen, ohne daß ein größerer Fundamentaushub notwendig wird. Um an den teueren Gründungskosten zu sparen und dennoch möglichst große Leistungen zu erhalten, kann man die Turbine über O.-W. setzen und den sogenannten Hebereinbau anwenden (Abb. 1c). Der Hebereinbau, der zum erstenmal von Escher-Wyss & Co. in Zürich ausgeführt wurde, gelangt in Amerika sehr oft zur Anwendung, da er immer eine erhebliche Ersparnis an Aushub bedeutet. Um volle Heberwirkung zu erzielen, ist es notwendig, die Luft aus der Turbinenkammer zu entfernen. Hierzu werden meist besondere durch Wasser angetriebene Ejektoren verwendet. Oft werden auch noch Exhauster mit Motorantrieb aufgestellt für den Fall, daß eine befriedigende Luftentfernung durch die Ejektoren allein nicht bewirkt werden kann. Die amerikanischen Erfahrungen mit derartigen Anlagen[1] lauten sehr günstig. Es wurde festgestellt, daß die

---

[1] Largest low-head turbines installed in siphon-setting. Power **57**, Nr 21 (1923). Largest seven-foot head hydro-electric plant. Power **62**, Nr 1 (1925).

mit dem Normalgefälle der Anlage betriebenen Ejektoren vollauf genügten, so daß weitere Hilfsmittel durchaus entbehrlich waren. Auch ohne Inbetriebnahme der Ejektoren konnten befriedigende Resultate erzielt werden, da schon die Strömung durch die Turbine die Kammer

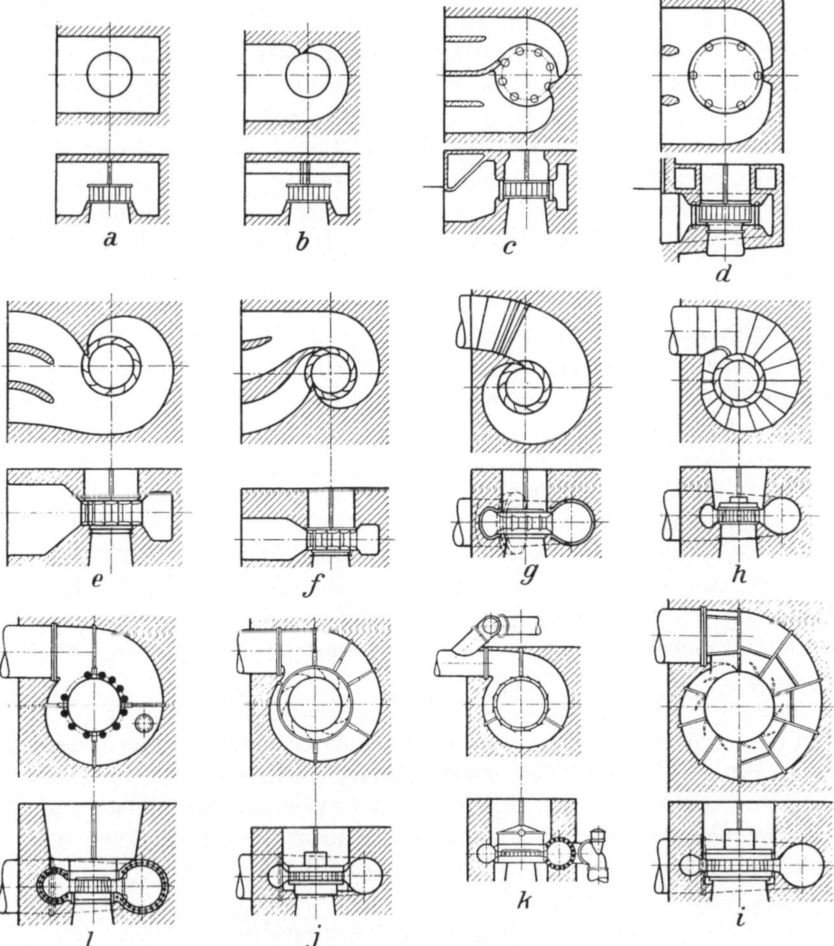

Abb. 1a bis l. Verschiedene Arten der Wasserzuführung. (Wasserkraft 1926, Nr. 10.)

von selbst genügend entlüftete und sich innerhalb kurzer Zeit die Heberwirkung einstellte.

Bei normalen Niederdruckanlagen ist die Betonspirale nach Abb. 1d bis f allgemein üblich. Die Formgebung erfolgt hauptsächlich nach hydraulischen Gesichtspunkten. Um die hydraulisch günstigste Form der Einlaufspirale zu ermitteln, sind bei größeren Anlagen Modellversuche nicht zu umgehen, da eine auf rein rechnerischem Wege durchgeführte Untersuchung, bei der Unsicherheit der dabei zu machenden Annahmen, vor nachherigen ungünstigen Erfahrungen im Betriebe nicht bewahren kann. Um das Wasser, welches durch die Schützen und den Rechen in die Turbinenkammer strömt, möglichst gleichmäßig der Turbine zuzuführen, wird die Einlaufspirale durch Trennwände in verschiedene Abteilungen geteilt. Diese Zwischenwände sind meist senkrecht, oft werden aber auch sowohl senkrechte als auch waagerechte Trennwände angeordnet (Lilla Edet, Chancy-Pougny). Den Übergang von der Spirale zum Leitapparat bildet ein Stützschaufelring, dem die Aufgabe zufällt, die Maschinengewichte auf die Fundamente zu übertragen. Statt eines vollen Stützschaufelringes sind manchmal nur einzeln gegossene und einzeln in den Beton eingesetzte Stehbolzen ausgeführt.

Für Gefälle, bei denen die üblicherweise mit rechteckigem Querschnitt ausgeführte Betonspirale mit Rücksicht auf den Wasserdruck nicht mehr verwendbar ist, bei denen jedoch ein schmiedeeisernes Spiralgehäuse zu teuer kommen würde, hat man in Amerika eine Zwischenform gefunden, bei welcher das Gehäuse aus Eisenbeton ist und kreisförmigen Querschnitt besitzt. Die ringförmige Bewehrung paßt sich dieser Form an und ist nur zum Teil mit dem Stützschaufelring verbunden, da hierfür am Stützschaufelring nicht genügend Raum vorhanden ist und man außerdem eine Anhäufung von Bewehrungseisen an dieser Stelle vermeiden wollte. Die Verankerung der Ringarmierung erfolgt daher hauptsächlich durch 3 bis 4 Ankerringe aus starken Rundeisen, die sowohl oben als auch unten angeordnet sind[1] (Abb. 1 g).

Bei noch höheren Gefällen wird die schmiedeeiserne Spirale bevorzugt (Abb. 1 h). Für mittlere Gefälle findet man auch gußeiserne Spiralen nach Abb. 1, j, wovon die erstere runde, eingeschraubte bzw. eingegossene Stehbolzen, die letztere einen besonderen Stützschaufelring mit umlaufendem Flansch aufweist. Bei noch höheren Gefällen wird statt des Gußeisens Stahlguß genommen (Abb. 1 k, i).

II. Das Turbinensaugrohr.

An dieser Stelle soll nur eine kurze allgemeine Übersicht der verschiedenen in der europäischen und amerikanischen Baupraxis vorkommenden Saugrohrformen gebracht werden, ohne näher auf die damit in Zusammenhang stehenden strömungstechnischen und baulichen Fragen einzugehen. Eine demnächst vom Institut für Strömungsmaschinen an der Technischen Hochschule Karlsruhe, Vorstand Prof.

---

[1] Redevelopment of Spiers Falls hydro-electric project. Power **60**, Nr 25 (1924).

Spannhake, herausgegebene Forschungsarbeit wird einen Beitrag zur strömungstechnischen Seite des Saugrohrproblems liefern, während in den nachfolgenden Abschnitten dieser Arbeit die bautechnischen Fragen behandelt werden sollen. Die Ausführungen dieses Kapitels stützen sich, soweit europäische Bauformen betrachtet werden, hauptsächlich auf die Arbeiten von Dubs[1] und Bronner[2].

1. Das gerade Saugrohr.

Es wurde bereits auf die zwei Aufgaben, die das Saugrohr zu erfüllen hat, hingewiesen. Einmal ermöglicht es die Aufstellung der Turbine über dem Unterwasser, und zweitens dient es zur Umsetzung der im Wasser beim Verlassen des Laufrades enthaltenen Geschwindigkeitsenergie in Druckenergie.

Abb. 2 a ist die primitivste Saugrohrform, mit einfachen zylindrischen Wandungen. Es ist klar, daß mit einem solchen Saugrohr nur der erste Teil der Aufgabe, die an das Saugrohr gestellt wird, erfüllt werden kann, denn in einem solchen Rohr kann selbstredend keinerlei kinetische Energie zurückgewonnen werden. Abb. 2 b zeigt die nächste Entwicklungsstufe — das gewöhnliche gerade sich nach unten konisch erweiternde Saugrohr. Hierbei bleibt nicht nur die statische Saughöhe erhalten, sondern es wird auch die Geschwindigkeitsenergie zurückgewonnen. Bei der Beaufschlagung durch die Wassermenge, für welche die Turbine konstruiert wurde, fließt das Wasser praktisch axial ab, ohne eine rotierende Bewegung zu besitzen. Bei einer geringeren Beaufschlagung fließt das Wasser so ab, daß es eine Umfangskomponente in der Dreh richtung des Laufrades besitzt. Der Winkel, den die absolute Austrittsgeschwindigkeit mit der Senkrechten, d. h. mit der Richtung der absoluten Austrittsgeschwindigkeit bei bester Beaufschlagung, hierbei einschließt, ist am größten bei den kleinsten Beaufschlagungen. Wird eine größere Wassermenge verarbeitet als der besten Beaufschlagung entspricht, so rotiert das dem Laufrad entströmende Wasser in entgegengesetzter Richtung wie das Laufrad der Turbine.

Mit dem empirisch festgestellten günstigsten Erweiterungswinkel des Saugrohrs (Öffnung des Kegels 8 bis 10°) hat man in solchen Saugrohren Rückgewinn-Wirkungsgrade ε von 88% erzielt. Leider läßt sich aus wirtschaftlichen Gründen das gerade, lange Saugrohr meist nicht anwenden, da es einen tiefen Aushub und damit hohe Baukosten verlangt. Insbesondere die in neuerer Zeit bei Niederdruckanlagen fast ausnahmslos zur Verwendung kommenden Propeller- und Kaplanturbinen würden

---

[1] Dubs: Die Bedeutung des Saugrohrs. Wasserkraft-Jahrb. **1924**. — Die Beeinflussung des Wirkungsgrades durch das Saugrohr. Wasserkraft-Jahrb. **1925/26**.

[2] Bronner: Kritische Betrachtungen der Berechnungsarten und der konstruktiven Durchbildung der Saugrohre. Wasserkraft-Jahrb. **1927/28**.

bei Anwendung von entsprechenden geraden Saugrohren Fundierungstiefen erfordern, die aus wirtschaftlichen Gründen nicht mehr ausführbar
sind. Man ist deshalb gezwungen, auf die
ideale Wasserabführung vom Laufrade
zum Unterwasser zu verzichten, und an
Stelle des geraden Saugrohrs treten nun

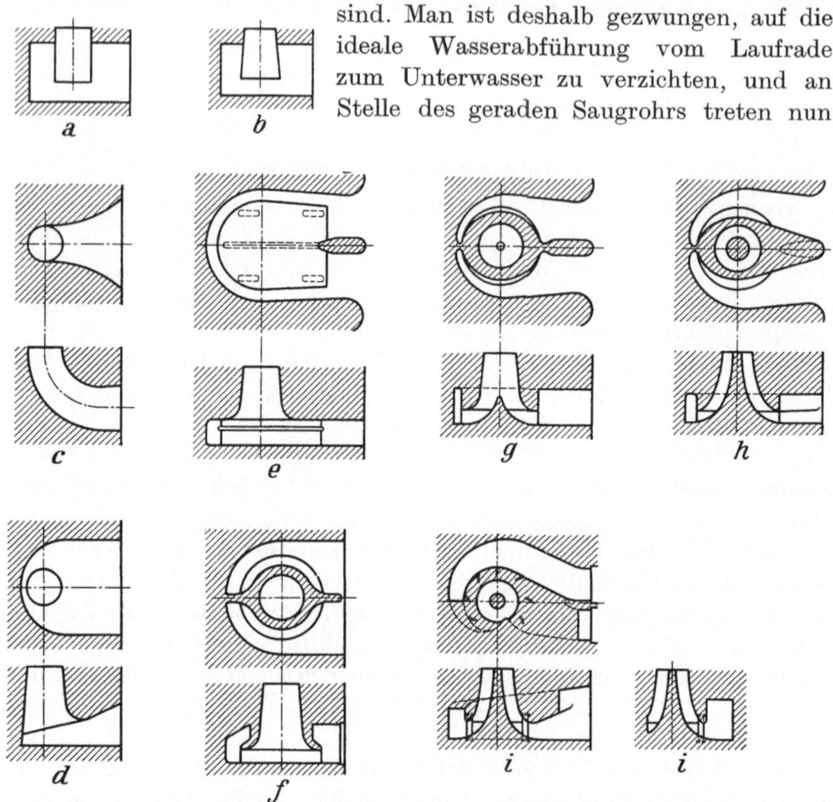

Abb. 2a bis i. Verschiedene Saugrohrformen. (Wasserkraft 1926, Nr. 10.)

andere Saugrohrformen, von denen als älteste der Saugkrümmer zuerst
besprochen werden soll.

2. Saugkrümmer.

Es ist verständlich, daß bei gleichen Austrittsverhältnissen aus dem
Laufrad im Krümmer infolge der Umlenkungsverluste größere Wider-
stände auftreten als im geraden Saugrohr. Da es sich beim Strömen
des Wassers durch den Krümmer um eine dreidimensionale turbulente
Bewegung einer reibenden Flüssigkeit unter dem ausschlaggebenden
Einfluß der Wandungen handelt, so liegen die Verhältnisse so ver-
wickelt, daß die Theorie nicht sämtliche Einflüsse zahlenmäßig erfassen kann, wenn sie auch grundsätzliche Aussagen zu machen gestattet.
Man ist deshalb auf den systematischen Versuch angewiesen.

Eine Besprechung der bisher auf diesem Gebiete gemachten Versuche würde weit aus dem Rahmen dieser Arbeit, die ja nur die Probleme baukonstruktiver Art streift, herausfallen. Aus diesem Grunde soll hier nur ganz kurz auf die Versuche von Dubs[1] eingegangen werden, die sich mit dem Einfluß der meridionalen Mittelwand[2] auf den Wirkungsgrad der Turbinenanlage befassen, weil die damit im Zusammenhang stehenden Fragen unmittelbar auch für den Bauingenieur von großer Wichtigkeit sind.

Eine Schnelläuferturbine mit einem größten Laufradaustrittsdurchmesser von $D_2 = 620$ mm wurde mit einem langen geraden Saugrohr vollständig durchgebremst. (Für die lichten Leitschaufelweiten 46, 80, 92 und 102 mm.) Das mittlere Versuchsgefälle betrug 2,2 m und wurde für alle Leitschaufelöffnungen beinahe unverändert gehalten. Das lange gerade Saugrohr wurde dann unter Beibehaltung aller anderen Einrichtungen durch einen Saugkrümmer ersetzt und die Versuche mit den gleichen Leitschaufelöffnungen wiederholt.

Während bei der kleinsten Leitschaufelöffnung von 46 mm fast durchweg der Saugkrümmer einen etwas besseren Wirkungsgrad als das lange gerade Saugrohr ergibt, tritt bei 80 mm Öffnung ein gewisser Ausgleich ein, und bei 92 und 102 mm Öffnung zeigt sich das gerade Saugrohr dem Saugkrümmer entschieden überlegen.

Da zu erwarten war, daß durch Anordnung einer meridionalen Zwischenwand an der Stelle der größten Krümmung die Umlenkung des Wassers im Krümmer eine geordnetere würde, was eine Verkleinerung der Krümmerverluste zur Folge gehabt hätte, so wurde eine solche Wand in den Krümmer eingesetzt und die Versuche unter den genau gleichen Verhältnissen wiederholt.

Die Versuche zeigten, daß bei dem untersuchten Turbinentyp der Einbau einer Zunge im Saugschlauch keine Verbesserung, sondern eine Verschlechterung des Turbinenwirkungsgrades ergab.

Da bei dem eingebauten Schnelläuferrad bei allen Teilbelastungen und insbesondere bei ganz kleinen Leitschaufelöffnungen das Wasser in das Saugrohr mit einer starken Umfangskomponente c_{u_2} eintritt, welche dann beim Fließen durch das Saugrohr durch die meridionale Zwischenwand vernichtet wird, so kann hierin eine Erklärung für die ungünstige Wirkung der Mittelwand gefunden werden. Die Strömung in der Meridianebene (c_m-Komponente) wird wohl durch die Mittelwand verbessert, hingegen bringt die Vernichtung der c_u-Komponente un-

---

[1] Dubs: Die Beeinflussung des Wirkungsgrades durch das Saugrohr. Wasserkraft-Jahrb. **1925/26.**

[2] Unter einer meridionalen Mittelwand versteht Dubs die sonst unter dem Namen Saugrohrzunge bekannte Zwischenwand, deren Profil im Längsschnitt des Krümmers erscheint.

mittelbar nach dem Austritt aus dem Laufrad einen um so größeren Verlust.

Da zu vermuten war, daß der Einfluß der Zwischenwand auf die Strömung im Krümmer um so günstiger würde, je größer die relative Größe der c_m-Komponente der absoluten Austrittsgeschwindigkeit des Wassers aus dem Laufrad und je kleiner die c_u-Komponente am Anfang des Saugrohres sind, wurde noch eine Kaplanturbine mit drehbaren Laufradschaufeln in genau gleicher Weise untersucht.

Es zeigte sich, daß das gerade, runde Saugrohr dem Krümmer mit und ohne Mittelwand durchweg überlegen ist. Die Ergebnisse des Krümmers mit Zwischenwand sind bei den Leitschaufelöffnungen 101,3 und 117 mm ungünstiger als diejenigen des Krümmers ohne Zwischenwand, und nur bei voller Leitschaufelöffnung von 138 mm sind bei den günstigsten Drehzahlen die Wirkungsgrade mit und ohne Zwischenwand gleich. Die Erklärung für diese Erscheinung dürfte wieder die gleiche wie bei der Schnelläuferturbine sein.

Weiter folgert Dubs: auf Grund dieser Versuche hätte also ohne weiteres der Schluß gezogen werden können, daß die Mittelwand beim Saugkrümmer keinerlei Vorteile mit sich bringt und deshalb nicht zu empfehlen ist. Die Versuchsergebnisse bei voll geöffnetem Leitapparat, und zwar bei der Schnelläufer- als auch bei der Kaplanturbine, deuteten jedoch darauf hin, daß die Zunge die ihr zugedachte Funktion wohl übernimmt, aber infolge der Vernichtung der Umfangskomponente c_u auch wieder schädlich wirkt. Da diese Umfangskomponente unmittelbar nach dem Austritt des Wassers aus dem Laufrad am größten ist, so lag der Gedanke nahe, den Anfang der Mittelwand weiter nach unten an eine Stelle zu verlegen, wo die Umfangskomponente kleiner geworden ist. Da ja diese Mittelwand nur an der Stelle der Krümmung zu wirken hat, so genügt es, wenn sie bei Beginn der Krümmung anfängt und mit dem Ende der Krümmung aufhört. Es wurden deshalb die vorstehend beschriebenen Versuche mit dem gleichen Saugkrümmer, aber kürzerer Mittelwand wiederholt, wobei sich zeigte, daß die erwartete Wirkung tatsächlich in vollem Umfang eintrat.

Soweit Dubs. Aus seinen Ausführungen geht hervor, daß der Nutzen der Saugrohrzunge hinsichtlich der Verbesserung des Turbinenwirkungsgrades nur ein sehr bedingter ist. Vom bautechnischen Standpunkt aus verdient eine Krümmerausbildung ohne meridionale Mittelwand den Vorzug, da die Herstellung der Zunge sehr kostspielig ist und komplizierte Schalungs- und Rüstungsarbeiten erfordert. Bei einer Einbeziehung der Saugrohrzunge in das statische System beteiligt sich dieselbe nur in sehr geringem Maße an der Aufnahme der Biegungsmomente infolge des ungünstigen Verhältnisses der Trägheitsmomente, und eine Heranziehung als Zugband kommt auch nicht in Frage, da die Mittelwand meist erst später ausgeführt wird. In den nordischen Ländern werden denn auch die Saugkrümmer immer ohne Zunge ausgebildet.

Neue Wege bei der Ausbildung der Saugkrümmer hat Kaplan beschritten. Während man bis dahin jede plötzliche Beeinflussung des Wasserstromes, bei geraden Saugrohren durch möglichste Tieflegung der Unterwassersohle, bei Krümmern durch sanfte Übergänge peinlich vermieden hatte, hat Kaplan mit diesen Überlieferungen gebrochen. Kaplan hält nicht das langsam erweiterte, sanft gekrümmte Rohr für die beste Vorrichtung zur Umsetzung von Geschwindigkeit in Druck, sondern eine schroffe Ablenkung des Wasserstrahles an einer gegen den ankommenden Strahl senkrecht oder wenig geneigt stehenden Ablenkungswand, die gleichzeitig einen Teil der Saugrohrgehäusewand bildet. Das hauptsächliche Unterscheidungsmerkmal für den Kaplan-Krümmer gegenüber den anderen Bauarten ist also darin zu erblicken, daß die äußere Krümmungswand (die Ablenkungswand) einen kleineren Krümmungshalbmesser erhält als die innere.

Der gewöhnliche Krümmer war bis vor etwa 10 Jahren die bevorzugte Saugrohrform. Mit dem Anwachsen der spezifischen Drehzahl und Leistung der Turbinen wurden jedoch die auftretenden Energieverluste im Saugrohr Gegenstand ernster Betrachtungen. Die Suche nach hydraulisch günstigeren Saugrohrtypen mit besten Wirkungsgraden, aber ohne die bautechnischen Nachteile der langen, geraden Saugrohre, führte zu einer Anzahl neuartiger Formen, die einen wesentlichen Fortschritt gegenüber den gewöhnlichen Saugrohren darstellen.

3. Besondere Saugrohrformen[1].

Unter den besonderen Saugrohrformen, die ihre Entstehung dem Streben nach bestem Wirkungsgrad verdanken, sind von besonderem Interesse die in Amerika entwickelten.

Die bekanntesten Vertreter dieser Formen sind:

1. Der White Hydraucone Regainer,
2. das Moody-Spreizsaugrohr.

White war der erste, der sich im Jahre 1915 eine Saugrohrform patentieren ließ, die bei geringster Konstruktionshöhe es ermöglichte, in wirkungsvoller Weise die Geschwindigkeitshöhe in Druckhöhe umzusetzen, indem er am Ende einer geradachsigen rotationssymmetrischen

---

[1] Ramsay, Webster K.: A discussion of draft tube designs. Trans. Am. Soc. Mechan. Engs. 1921. — White, W. M.: The Hydraucone Regainer its development and applications. Trans. Am. Soc. Mechan. Engs. 1921. Allen, C. M. u. J. A. Winter: Comparative tests on experimental draft tubes. Proc. Am. Soc. Civ. Engs. 1923. — Comparative tests on experimental draft tubes. Discussion. Proc. Am. Soc. Civ. Engs. 1924. Cooper, Hugh L.: Results of tests on five types of draft tubes. Power 1923, Nr 22.

Düse das Wasser durch eine senkrecht zur Saugrohrachse stehende Platte um 90° ablenkte, in dieser Richtung noch führte und dadurch sowohl die meridionale als auch Umfangskomponente des vom Laufrad abströmenden Wassers herunterdrückte. Die durch die Umlenkung selbst hervorgerufenen Verluste sind hierbei außerordentlich gering. White gibt der Umlenkungskurve am Saugrohrende etwa die Gestalt des frei fallenden Strahles, der auf eine senkrecht zur Strömungsrichtung stehende ebene Platte stößt, wobei er die hierbei eintretende Wirkung „hydraucone action" nennt. (Vgl. Abb. 2e, f.)

Die Kennzeichen des „White Hydraucone Regainer" sind also:

a) Rotationssymmetrische Anordnung zur Turbinenachse.

b) Starke Erweiterung des Saugrohres im Querschnitt der größten Krümmung und darauf folgende lokale Verengung auf eine kurze Strecke am Ende der Kurve, wobei die Druckerhöhung an der Krümmung mit sehr kleinen Verlusten in eine Geschwindigkeit normal zur ursprünglichen umgewandelt wird. Diese horizontale Geschwindigkeit wird dann noch weiter bis zur Ausflußgeschwindigkeit aus dem Saugrohr in Druckhöhe umgesetzt.

Bei Niederdruckwerken mit kleinem Gefälle und geringer zur Verfügung stehender Konstruktionshöhe kann die tischartige Platte aus Eisenbeton, auf die die Wassersäule stürzt, auch ganz weggelassen werden. Die Funktion dieser Platte übernimmt dann die Saugkammersohle. Hierbei wird die untere trompetenförmige Erweiterung des Diffusors in eine Eisenbetonglocke verlegt, die an die Saugkammerdecke angehängt wird[1].

Eine weitere interessante Verwendung des Hydraucone Regainer in Verbindung mit einer Turbine mit liegender Welle ist das Kraftwerk der Cheboygan Electric Light and Power Company, Cheboygan, Mich.[2]. Trotzdem die Decke der „Hydraucone-Kammer" beinahe 6,0 m über dem U.-W.-Spiegel liegt, haben sich beim Betrieb der Anlage keinerlei Schwierigkeiten ergeben.

Die Berechnung und Dimensionierung der Eisenbetonkonstruktionen des White-Hydraucone Regainer kann nach den Methoden und konstruktiven Gesichtspunkten erfolgen, die im Abschnitt E, Kapitel V, 1 und 2 dieser Arbeit niedergelegt sind. Die tischartige Platte ist für die Wirkung des Eigengewichts und die Wirkung des Wassers, welche sich aus statischer und dynamischer Beanspruchung zusammensetzt, zu dimensionieren.

---

[1] Ramsay, Webster K.: A discussion of draft tube designs. Trans. Am. Soc. Mechan. Engs. **1921**.

[2] White, W. M.: The Hydraucone Regainer, its development and applications in hydro-electric plants. Trans. Am. Soc. Mechan. Engs. **1921**.

Noch stärker als White bemühte sich Moody, auch die Energie der Umfangskomponente des Wassers durch zweckmäßigere Ausbildung der Wasserwege so wirksam wie möglich in Druckenergie umzusetzen. Er entwickelte auf Grund zahlreich durchgeführter Versuche die nach ihm genannte Saugrohrform, das Moody-Spreizsaugrohr. Bei diesem Saugrohrtyp wird die ringförmige Kontur des Laufradaustritts bis zum Unterwasser beibehalten. Die äußere Führung des Wasserstrahles wird bewirkt durch eine aus Eisenbeton bestehende Saugrohrglocke, die an die Saugkammerdecke angehängt ist, während im Innern sich ein Betonkegel befindet, der bis an die Nabe heranreicht. Das Moody-Saugrohr erreicht so die Umsetzung von Geschwindigkeitsenergie in Druckenergie ohne jede schroffe Änderung der Geschwindigkeit oder Richtung in irgendeinem Punkte durch fortschreitendes Ausbreiten des Auslasses und Abbiegen desselben in eine waagerechte Fläche symmetrisch um einen zentralen Kern und gleichzeitiges Vermindern der Geschwindigkeit durch allmähliche Vergrößerung der Querschnittsflächen. Innerhalb der Grenzen, die durch den beschränkten, praktisch verfügbaren Raum unterhalb des Turbinenlaufrades gezogen sind, ist es zweckmäßig, den Krümmungshalbmesser aller Wasserwege so groß als möglich zu machen. Die Krümmung erreicht ihren Höchstwert ein wenig unterhalb der Kurvenmitte, da die Geschwindigkeit beim Erreichen dieses Punktes schon möglichst klein geworden sein soll. Die so erhaltene Meridianlinie entspricht ungefähr der Hyperbel dritten Grades, wie sie bereits 1903 von Prašil für die Berechnung der Potentialströmung zugrunde gelegt worden war.

Die amerikanischen Formen verlangen immer noch recht beträchtliche Bautiefen und befriedigen auch bautechnisch nicht sehr. Im Institut für Strömungsmaschinen der Technischen Hochschule Karlsruhe wurde daher im letzten Jahre auf Anregung und unter Leitung von Prof. Spannhake durch Versuche und Überlegungen eine neue Saugrohrform entwickelt, die beide Schwierigkeiten beseitigt. Auf diese Untersuchungen soll am Schlusse dieses Kapitels nochmals zurückgekommen werden[1].

Im Zusammenhang mit der Besprechung dieser Saugrohrformen soll kurz auf eine besondere Art der Kavitation eingegangen werden, welche nicht direkt am Laufrad entsteht, wenn bei sehr ungünstiger Drehzahl oder Leitschaufelöffnung die Umfangskomponente groß ist. Da nach dem Verlassen des Laufrades c_{u_2} umgekehrt proportional mit dem Radius wächst, so können sehr hohe Geschwindigkeiten und ein

---

[1] Es ist anzunehmen, daß auch bei den Turbinenfirmen ähnliche Versuche gemacht sind oder noch gemacht werden, doch ist dem Verfasser hierüber nichts bekannt geworden. Auch auf die von Kaplan entwickelten besonderen Saugrohrformen sei bei dieser Gelegenheit hingewiesen.

entsprechender Druckabfall in der Nähe der Achse zur Bildung eines zentralen Hohlraumes und zu schweren Stößen und Erschütterungen führen. Als Gegenmaßnahme gegen diese Störungen kann ein zentraler Kegel angesehen werden, welcher vom Boden der Saugrohrkammer bis unter das Laufrad reicht. Die Verhütung derartiger Kavitationserscheinungen ist also eine weitere wichtige Funktion dieses Zentralkegels beim Moody-Saugrohr. Außerdem hat er noch den baulichen Vorteil, daß er als Stützpunkt bei der Montage und Demontage der Turbinenwelle dienen kann.

Die Saugrohrglocke besteht aus einer drehsymmetrischen doppelt gekrümmten Eisenbetonschale, die bei vielen Anlagen hinten mit einer Nase der Saugkammerrückwand und vorn mit einem Zwischenpfeiler in Verbindung steht. Durch die Anordnung eines Zwischenpfeilers ist es möglich, die sonst beträchtliche Spannweite der Saugkammerdecke wesentlich zu reduzieren.

Abb. 2g zeigt eines der früheren Formen des Moody-Saugrohrs mit niedrigem Kegel, in Abb. 2h ist eine neuere Ausführung für Langsam- und Normalläufer zu sehen. Bei der letzteren Form sind die Querschnitte kreisringförmig, was dadurch bewirkt wird, daß der Zentralkegel unmittelbar bis unter das Laufrad reicht. Es herrscht also vollständige Gleichmäßigkeit der Querschnittsübergänge vom Laufrad zum Saugrohr. Das Saugrohr nach Abb. 2i ist für Turbinen mit höherer spezifischer Drehzahl, wo die Umfangskomponente hohe Beträge annimmt. Der obere Teil ist ebenfalls ringförmig, an ihn schließt sich ein spiraliger Abfluß, der in verstärktem Maße dazu dienen soll, die Energie, die aus dem ringförmigen Raum noch entlassen wird, umzusetzen.

Diese neuartigen amerikanischen Saugrohrformen besitzen außer den hydraulischen Vorzügen noch den baulichen Vorteil, daß sie eine geringere Gründungstiefe und damit auch einen wesentlich geringeren Felsaushub erfordern als der Saugkrümmer, haben aber dafür den Nachteil, daß sie einen größeren Aggregatabstand bedingen.

Schon frühzeitig hat man in Amerika diesen Mangel erkannt und durch Anordnung von Stützschaufeln am unteren Umfang der Saugrohrglocke eine wirksame Reduzierung der Deckenspannweite erreicht. Durch diese Stützschaufeln werden nicht nur die gesamten Maschinengewichte mit den hydraulischen Reaktionskräften, sondern auch ein großer Teil des Eigengewichts der Saugkammerdecke mit Wasserauflast direkt auf den Untergrund übertragen. Derartige Stützschaufeln, gewöhnlich 6 bis 8, werden seit 1925 sowohl bei Moody- als auch bei White-Saugrohren fast ausschließlich angewandt (Abb. 2i und 30). Die Berechnung und konstruktive Durchbildung dieser Saugrohrarten kann auf Grund sinngemäßer Anwendung der Ausführungen des Abschnittes E erfolgen.

Am Eingang dieses Kapitels wurde bereits auf die zur Zeit im Gange befindlichen Untersuchungen von Prof. Spannhake hingewiesen. Da eine Veröffentlichung dieser Forschungsarbeiten demnächst beabsichtigt ist, soll an dieser Stelle nur die bautechnische Seite des Problems berührt werden, ohne auf die strömungstechnischen Fragen einzugehen, die in einer besonderen Arbeit des Instituts für Strömungsmaschinen ausführlich behandelt werden sollen.

Die auf Grund umfangreicher Modellversuche und theoretischer Betrachtungen hervorgegangene neuartige Saugrohrform kann als ein Fortschritt gegenüber den Saugrohren europäischer und amerikanischer Herkunft bezeichnet werden. Ähnlich wie der Hydraucone Regainer und das Moody-Saugrohr erfordert diese Bauart eine geringere Bauhöhe und damit auch einen geringeren Felsaushub. Es sind aber nicht nur die kleineren Massen des Felsaushubes, die eine Verminderung der Baukosten herbeiführen. Da bei der Gründung des Krafthausunterbaues mit Wasserhaltung gearbeitet werden muß, so ist jeder Meter ersparter Gründungstiefe von um so größerer Bedeutung, da Wasserandrang und Wasserdruck nicht im gleichen Verhältnis wie die Tiefe zunehmen, sondern viel schneller anwachsen. Hierzu treten dann noch die Vorteile in konstruktiver Beziehung.

Bei den modernsten amerikanischen Bauausführungen werden bekanntlich am unteren Umfang der Saugrohrglocke gußstählerne Stützschaufeln zur direkten Überleitung der Lasten in den Untergrund angeordnet. Hierbei erfolgt die Lastübertragung derart, daß durch den festen Leitapparat der Turbine einerseits und die Saugkammerdecke andrerseits die Lasten auf den oberen Rand der Saugrohrglocke abgegeben werden. Die Kräfte fließen sodann durch den Mantel der Saugrohrglocke und werden vermittels der Stützschaufeln in den Boden geleitet. Wesentlich ist hierbei die Mitwirkung des Glockenmantels bei der Lastübertragung. Nun zeigen aber die Ausführungen des Abschnittes über die Berechnung und Konstruktion der Einlaufspirale und des Turbinensaugrohrs, daß die statische Wirkung dieses Systems eine recht günstige ist. Dieses folgt auch unmittelbar aus folgender Überlegung: man denke sich die Saugrohrglocke durch Meridianschnitte in einzelne Streifen aufgeteilt; diese würden sich infolge der auf sie wirkenden Auflasten nach innen verbiegen; diese Verbiegung, die eintreten würde, falls kein Zusammenhang zwischen den einzelnen Streifen bestünde, wird verhindert durch die Ringwirkung des Systems, da die Saugrohrglocke ja durch eine drehsymmetrische doppelt gekrümmte Schale dargestellt wird. Daher werden nur unbeträchtliche Biegungsmomente in den Saugrohrwandungen hervorgerufen.

Bei der neuen Saugrohrform wird nun diese vermittelnde Wirkung der Saugrohrglocke fast ganz ausgeschaltet, und die Lastübertragung erfolgt praktisch direkt von der Saugkammerdecke auf die Stützen. Der Glockenmantel dient hier mehr zur Führung des vom Laufrad der Turbine abfließenden Wassers, da die statischen Funktionen jetzt in der Hauptsache von den starken, fast bis zur Saugkammerdecke reichenden Stützen übernommen werden. Durch die beiden tragflügelähnlichen Zwischenpfeiler werden zwei weitere Lagerungsmöglichkeiten

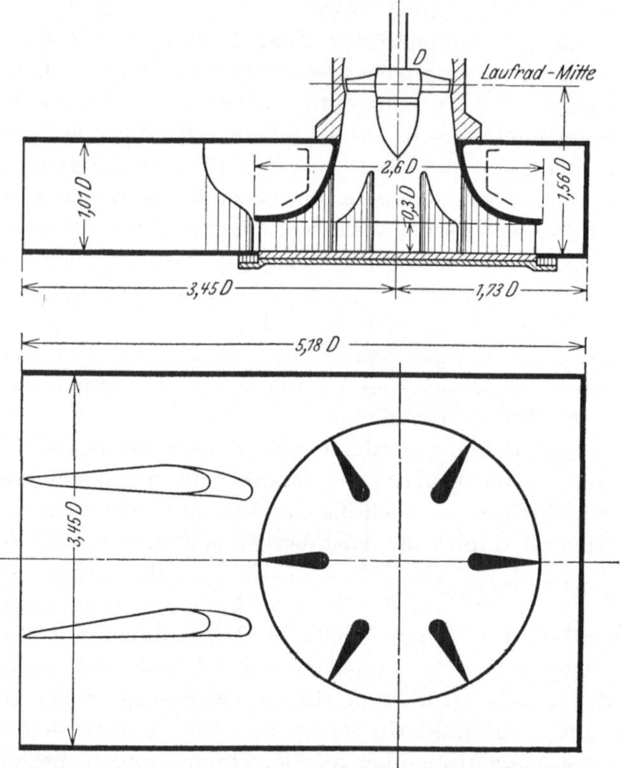

Abb. 3. Eine der im Institut für Strömungsmaschinen an der Technischen Hochschule Karlsruhe untersuchten Saugrohrformen. (Im folgenden als Form Spannhake bezeichnet.)

für die Saugkammerdecke geschaffen. Hierbei wird die Plattenspannweite reduziert, wobei Ersparnisse an Beton und besonders an Bewehrungseisen gemacht werden können.

Aus den bisher vorliegenden Versuchsergebnissen geht hervor, daß die Saugrohrstützen und Zwischenpfeiler am Eingang in die Saugrohrkammer Abmessungen erhalten können, die ihre Ausführung als Eisenbetonkonstruktionen gestatten. Dieses ist auch als ein bautechnischer Vorzug zu bezeichnen, da die monolithische Wirkung des Ganzen hierdurch viel besser gewährleistet wird als bei der Verwendung relativ schwacher Stützschaufeln aus Gußstahl. Für den Kraftfluß von Saugkammerdecke in den Untergrund werden hierdurch günstigere Bedingungen geschaffen. Auch in schwingungstechnischer Beziehung wirkt sich diese Konstruktion besser aus[1]. Auch hinsichtlich der eigentlichen Bauausführung ergeben sich Erleichterungen. So können die provisorischen Betonpfeiler zur Abstützung der Saugkammerdecke weggelassen werden, hierdurch kommen, außer der Ersparnis an Rüstungskosten, auch die teueren Abstemmarbeiten usw. in Fortfall[2].

Für die statische Berechnung und konstruktive Ausbildung kommen auch hier die Ausführungen des Abschnittes E, Kapitel V „Besondere Saugrohrformen", in sinngemäßer Weise zur Anwendung.

Um die wirtschaftlichen Vorteile der von Prof. Spannhake untersuchten Saugrohrform auch zahlenmäßig zu belegen, mögen die erforderlichen Hauptabmessungen dieser Bauart (Abb. 3) mit den Abmessungen modernster amerikanischer Saugrohrtypen verglichen werden.

Die Angaben über die amerikanischen Saugrohre sind aus dem in Amerika sehr bekannten Hydro-elektrischen Handbuch von W. P. Creager und J. D. Justin, Ausgabe 1927, entnommen[3]. Die Abmessungen sind als Vielfaches des Laufraddurchmessers D gegeben.

a) **Erforderliche lichte Weite der Saugrohrkammer:**

$$\text{Amerikanische Saugrohre} \ldots \ldots \ldots b = 3{,}7\,D \quad (100\%)$$
$$\text{Form Spannhake} \ldots \ldots \ldots b = 3{,}45\,D \quad (93\%)$$

b) **Erforderliche Tiefe von Laufradmitte bis Saugkammerboden:**

$$\text{Amerikanische Saugrohre} \ldots \ldots \ldots t = 2\,D \quad (100\%)$$
$$\text{Form Spannhake} \ldots \ldots \ldots t = 1{,}56\,D \quad (78\%)$$

c) **Erforderlicher Abstand von Saugrohrachse bis Saugkammerrückwand:**

$$\text{Amerikanische Saugrohre} \ldots \ldots \ldots a = 1{,}85\,D \quad (100\%)$$
$$\text{Form Spannhake} \ldots \ldots \ldots a = 1{,}73\,D \quad (93\%)$$

Man ersieht aus der Gegenüberstellung dieser Zahlenwerte, daß bei Verwendung der neuen Saugrohrform sich kleinere Abmessungen für den Krafthausunterbau ergeben. Die **Verringerung des Aggregatabstandes** und somit auch der **Gesamtlänge des Krafthauses** beträgt etwa 7%, während die erforderliche **Gründungstiefe** — und dieses ist besonders zu beachten — **um 22% geringer** wird.

---

[1] Vgl. die Betrachtungen im Abschnitt E: Besondere Saugrohrformen.

[2] Vgl. den Abschnitt F: Bauausführung.

[3] Chapter XXVIII. Hydraulic turbines. Section 320. The design of water passages. By William M. White.

Rohde, Berechnungsgrundlagen. 2

D. Einige Beispiele von ausgeführten Wasserkraftanlagen.

Das Kraftwerk Lilla Edet in Schweden und das zur Zeit noch im Bau befindliche Großkraftwerk Ryburg-Schwörstadt am Oberrhein zählen zu den bedeutendsten modernen Wasserkraftanlagen Europas. Im folgenden sollen daher einige grundsätzliche Angaben über diese

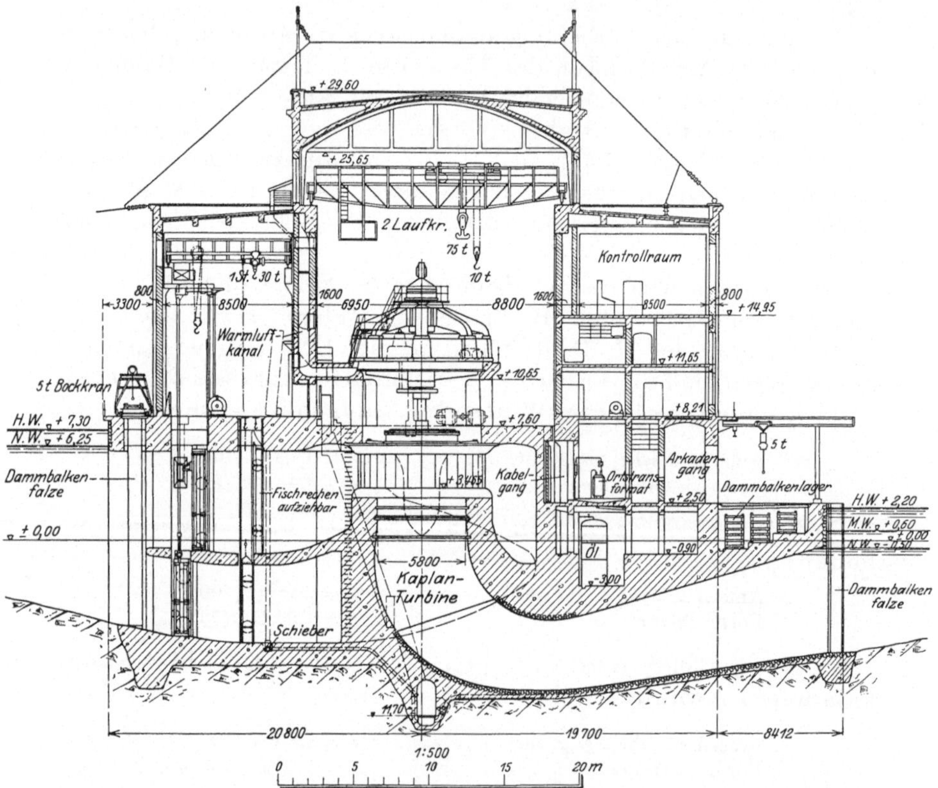

Abb. 4. Kraftwerk Lilla Edet. Querschnitt durch das Krafthaus. [Z. V. d. I. 72, Nr. 33 (1928).]

bemerkenswerten Bauwerke gebracht werden, da in den weiteren Abschnitten dieser Arbeit, bei der Besprechung der Berechnungsgrundlagen und konstruktiven Durchbildung des Krafthausunterbaues, des öfteren Bezug darauf genommen wird.

Das Kraftwerk Lilla Edet[1]. Der Göta Aelv mit einer Länge von nur 85 km ist Schwedens bedeutendste Energiequelle. Er bildet den

---

[1] Entnommen aus: Das Kraftwerk Lilla Edet von Oberbaudirektor A. Ekwall und Dipl.-Ing. H. Munding, Stockholm. Z. V. d. I. 72, Nr 33 u. Nr 51 (1928).

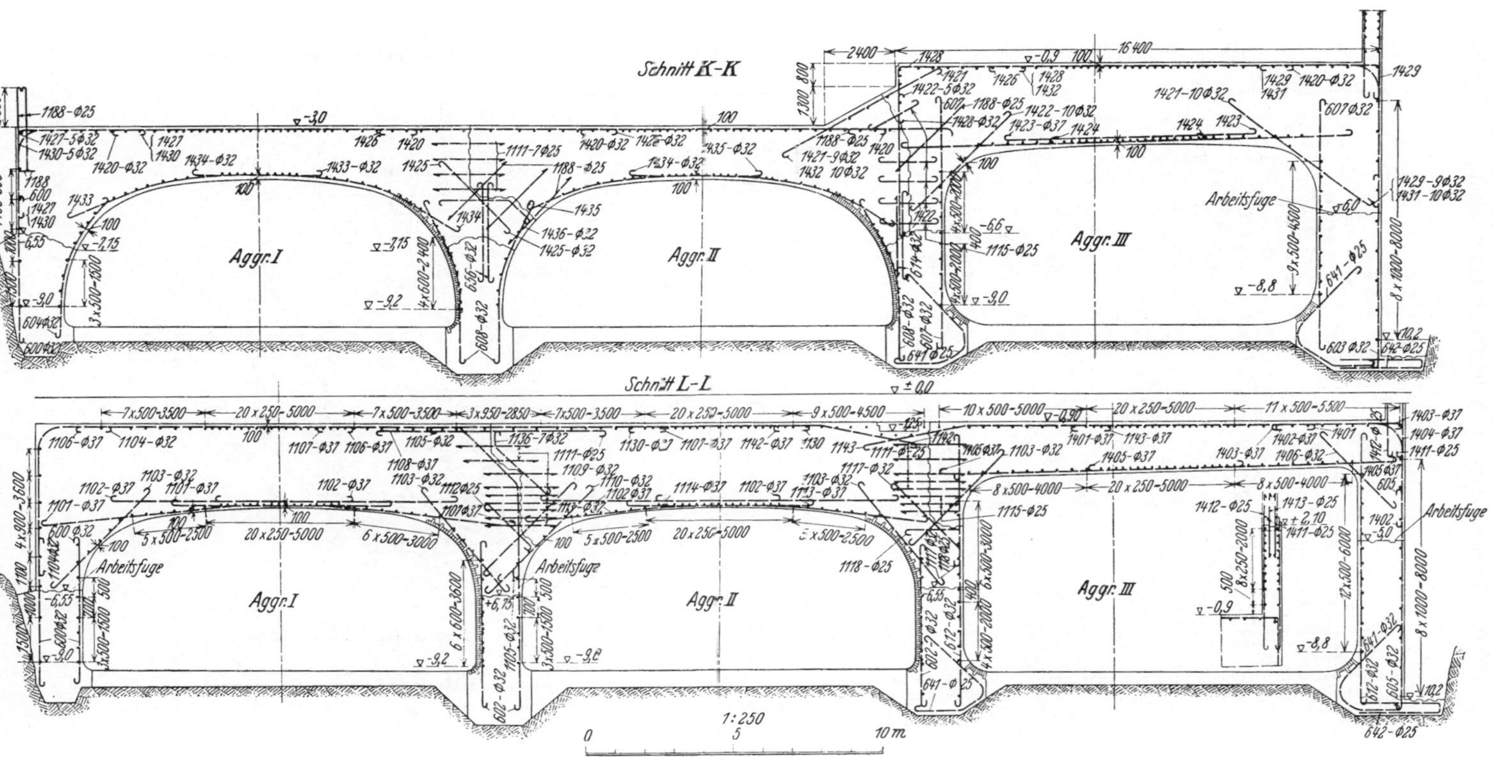

Abb. 5. Kraftwerk Lilla Edet. Bewehrung der Saugrohrquerschnitte. Ausbildung und Anordnung der Arbeitsfugen.

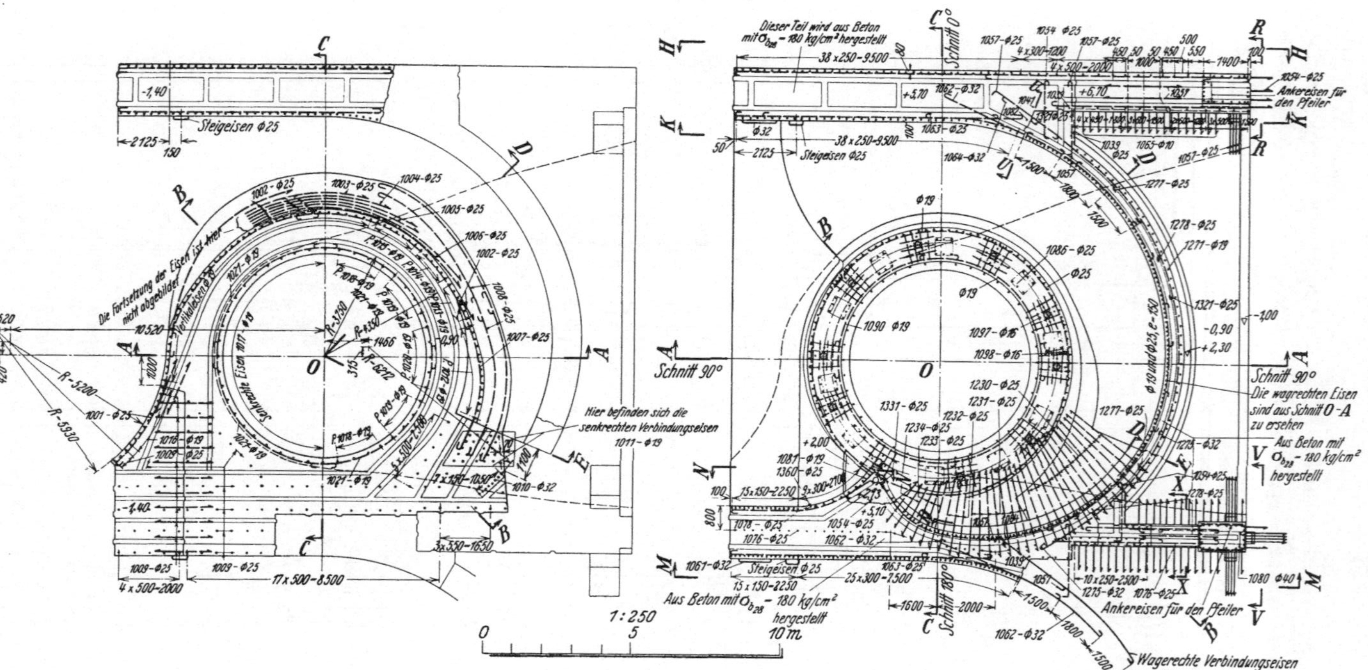

Abb. 6. Kraftwerk Lilla Edet. Bewehrung der Spiralendecke und Spiralenwandungen. Ausbildung und Anordnung der Arbeitsfugen.

Auslauf des rd. 5500 qkm großen Vänersees und hat hier schon ein Einzugsgebiet von etwa 47300 qkm. Der Höhenunterschied zwischen dem Vänersee und dem Kattegatt beträgt rd. 44,5 m und verteilt sich hauptsächlich auf die drei folgenden Wasserfälle, den Fall bei Vargön mit rd. 5 m Bruttogefälle am Auslauf des Vänersees, den Fall bei Trollhättan mit etwa 32 m Bruttogefälle rd. 10 km unterhalb Vargön und den Fall bei Lilla Edet mit rd. 6,8 m Bruttogefälle 20 km unterhalb Trollhättan. Im Krafthaus (Abbildung 4) sind 3 Maschinensätze

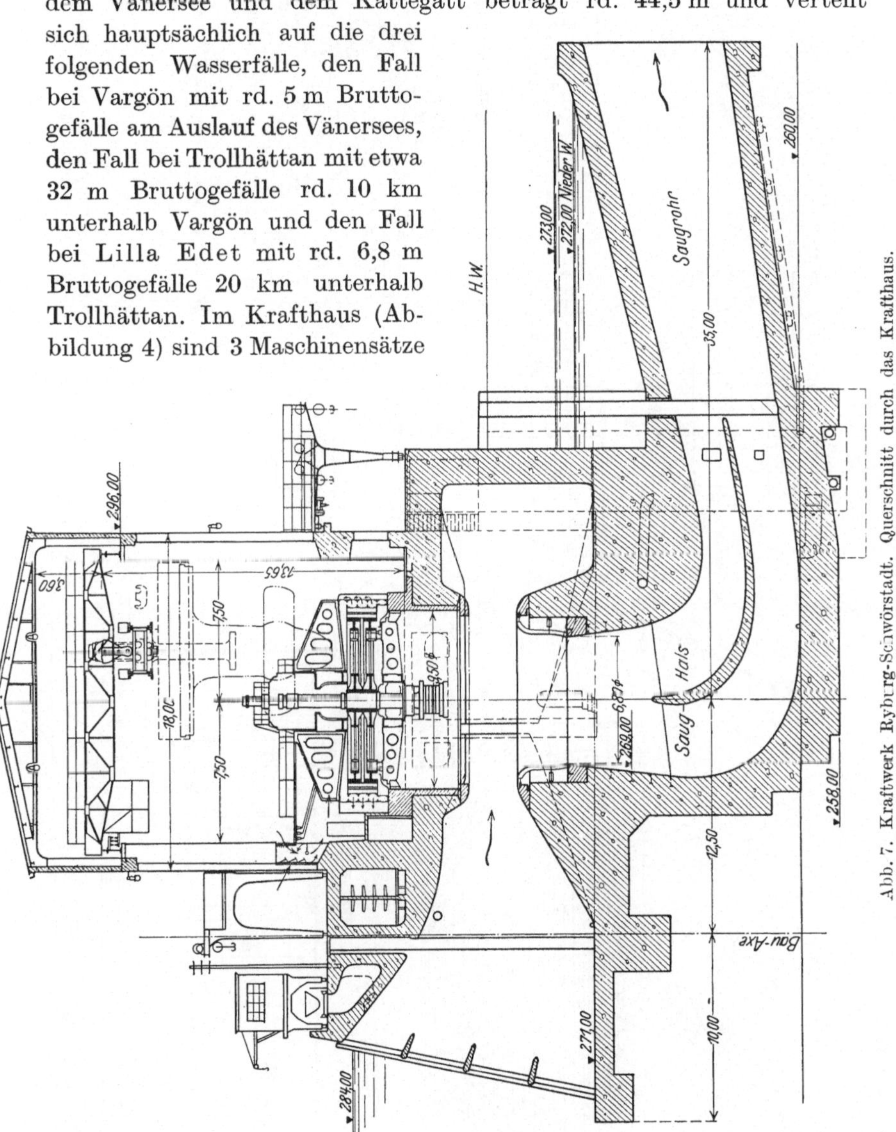

Abb. 7. Kraftwerk Ryburg-Schwörstadt. Querschnitt durch das Krafthaus.

(1 Kaplanturbine und 2 Lavaczeckturbinen) eingebaut von zusammen 36800 PS Volleistung bei 6,5 m Nutzfallhöhe und einem Gesamtwasserverbrauch von 500 cbm/sec. Die Drehzahl ist bei allen 3 Einheiten 62,5 in der Minute. Die Kaplanturbine hat 5,8, jede Lavaczeckturbine

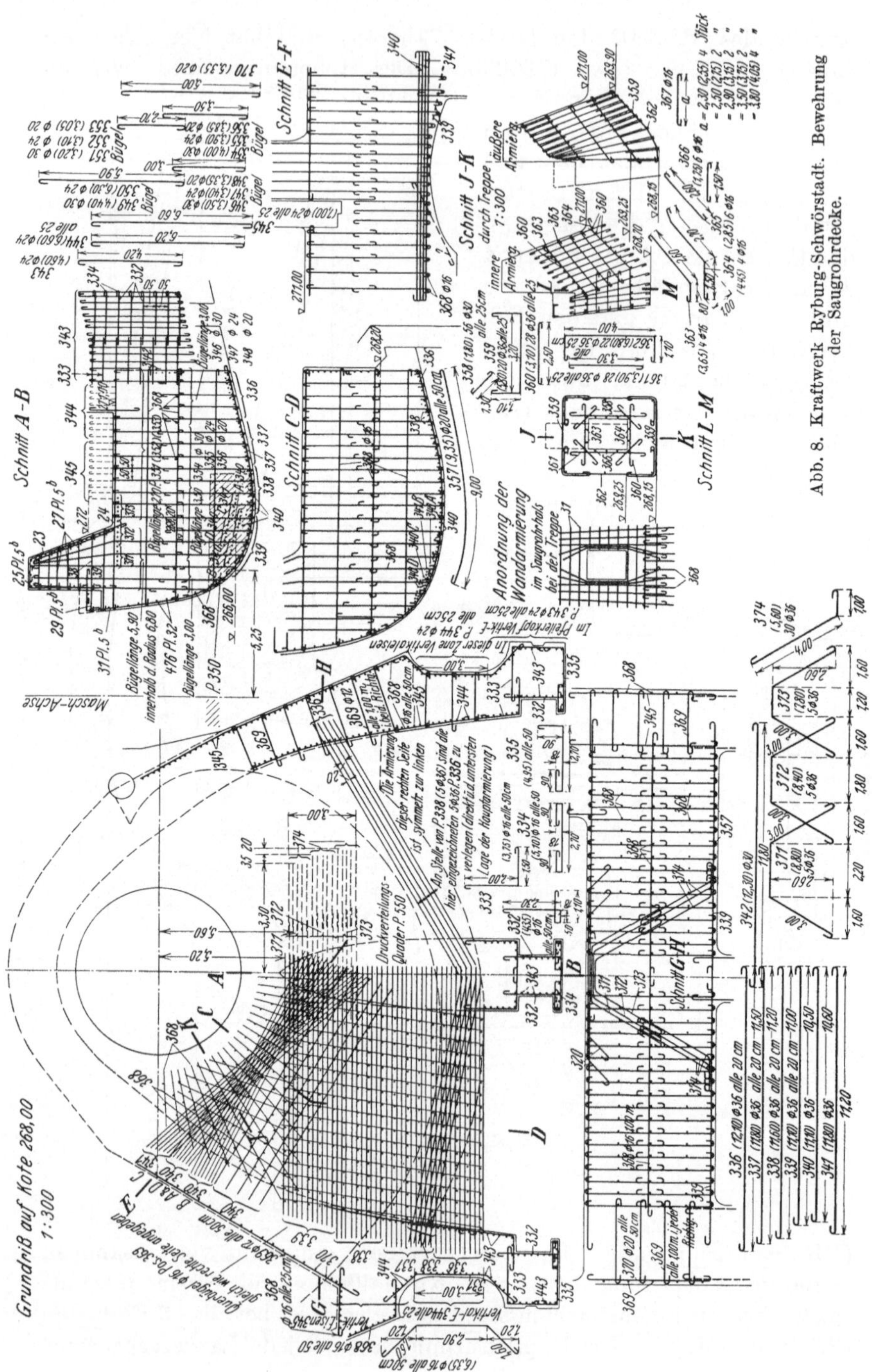

Abb. 8. Kraftwerk Ryburg-Schwörstadt. Bewehrung der Saugrohrdecke.

Zu Abb. 8. Eisenliste für eine Einheit.

Pos.	Anzahl	$\varnothing$	Abgew. Länge	Länge total	Gewicht kg	Bemerkungen	Pos.	Anzahl	$\varnothing$	Abgew. Länge	Länge total	Gewicht kg	Bemerkungen
331	18	16	6,35	114	180							36 335	
332	32	16	4,35	139	220		354	110	30	4,00	440	2442	
333	32	16	3,75	120	190		355	140	24	3,90	546	1938	
334	8	16	5,10	41	65		356	170	20	3,85	655	1618	
335	16	16	4,95	79	125		357	36	20	9,35	337	832	
336	25	36	12,10	303	2421		358	56	30	1,80	101	561	
337	20	36	11,80	236	1886		359	20	36	5,80	116	927	
338	25	36	11,60	290	2317		360	28	36	3,10	87	695	
339	22	36	11,10	244	1950		361	28	36	3,90	109	871	
340	52	36	11,20	582	4650		362	22	36	6,80	150	1199	
341	14	36	11,80	165	1318		363	4	16	3,65	15	24	
342	22	30	12,30	271	1504		364	4	16	4,45	18	28	
343	112	24	4,60	515	1828		365	6	16	2,65	16	25	
344	50	24	6,60	330	1172		366	6	16	1,75	11	17	
345	115	24	7,00	805	2858		367	14	16	—	42	66	Spezialtabelle
346	80	30	3,50	280	1554								
347	80	24	3,40	272	966		368	—	16	—	1840	2907	Verteiler
348	110	20	3,35	369	911		369	—	12	—	160	142	Verteiler
349	56	30	6,40	358	1987		370	18	20	5,35	96	237	
350	70	24	6,30	441	1566		371	5	36	8,80	44	352	
351	130	30	3,20	416	2309		372	5	36	8,40	42	336	
352	170	24	3,10	527	1871		373	5	36	7,80	39	312	
353	330	20	3,05	1007	2487		374	30	36	5,60	168	1342	
					36 335							53 206	

6,0 m Laufraddurchmesser. Die Kaplanturbine und die nächstgelegene Lavaczeckturbine haben Saugrohre von derselben Länge, während Turbine *III* ein um 7 m kürzeres Saugrohr hat. Die Abb. 5 zeigt auch die verschiedenen Saugrohrquerschnitte der einzelnen Aggregate. Die Saugrohrlänge, längs der Mittellinie gemessen, ist bei Turbine *I* etwa gleich dem 5,8fachen, bei Turbine *II* etwa gleich dem 5,5fachen und bei Turbine *III* etwa gleich dem 1,3fachen Laufraddurchmesser. Wegen der langen Saugrohre war es zweckmäßig, die Transformatoren, Schaltanlagen usw. in einem Seitenschiff über den Saugrohren unterzubringen. Schützen und Rechen sind in einem Seitenschiff über dem Einlauf untergebracht. Bei den schwierigen klimatischen Verhältnissen ist es erwünscht, Rechen und Schützen in einem geschlossenen Raum unterzubringen, um auf diese Weise deren Bedienung bei strenger Kälte zu erleichtern.

Die Turbinen sind in Betonspiralen untergebracht, deren Form auf Grund eingehender Versuche festgelegt wurde. Über der Spirale liegt der Maschinensaalboden. Auf diesen Boden führt das normalspurige Anschlußgleis herein. Die Generatoren sind auf einem Zwischenboden aufgestellt, wo sich auch die Turbinenregler und Pumpen für das Drucköl der Regler befinden. Auf dem unteren Maschinensaalboden stehen nur solche Teile, die keiner regelmäßigen Überwachung bedürfen. Für Montage und örtliche Transportzwecke sind im Krafthaus zwei Laufkrane von je 75 t Tragkraft vorhanden, in deren Lasthaken für schwere Teile ein Querbalken für Lasten bis 150 t eingehängt werden kann. Die Generatoren erhalten die notwendige Kühlluft durch im Zwischenboden untergebrachte Luftkanäle.

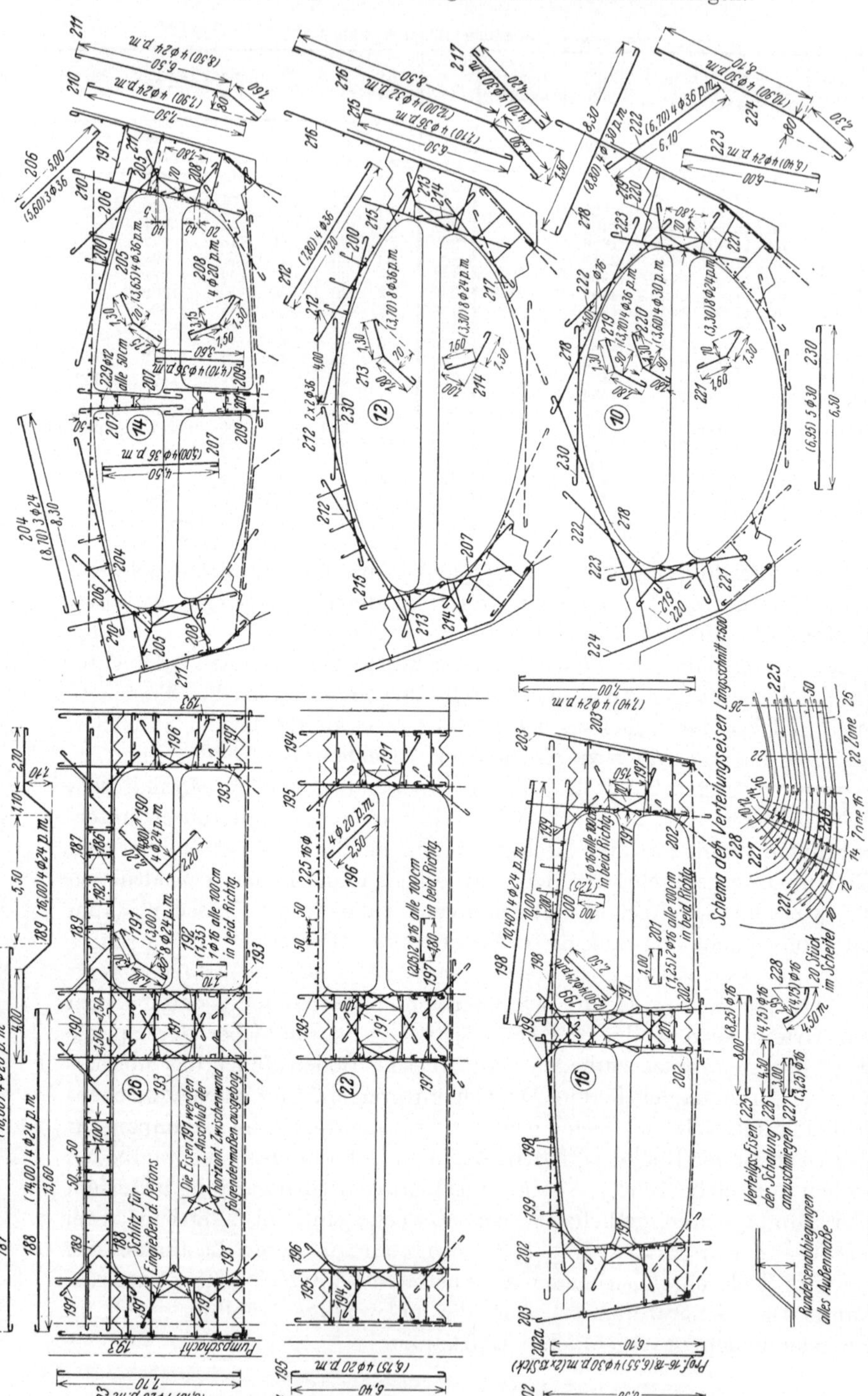

Abb. 9. Kraftwerk Ryburg-Schwörstadt. Bewehrung der Saugrohrquerschnitte. Ausbildung und Anordnung der Arbeitsfugen.

Zu Abb. 9. Eisenliste für eine Einheit.

Pos.	Stück	⌀	Ab-gew. Länge	Abg. Länge total	Ge-wicht kg	Be-merkungen	Pos.	Stück	⌀	Ab-gew. Länge	Abg. Länge total	Ge-wicht kg	Be-merkungen
185	32	20	3,35	107,20	265							22816	
186	64	20	2,85	182	450		211	14	24	8,50	119	422	Zone 14
187	20	20	16,00	320	1430		212	24	36	7,80	187	1494	
188	22	24	14,00	308	1093		213	28	36	3,70	104	831	
189	20	24	15,60	312	1108	Zone 26	214	28	24	3,30	92	327	Zone 12
190	24	24	4,80	115	408		215	14	36	7,10	99	791	
191	672	24	3,00	2016	7157	Zonen 26, 22, 16	216	14	36	12,00	168	1342	
192	20	16	1,35	27	43		217	16	30	4,70	75	416	
193	96	20	8,10	778	1922		218	6	30	8,80	53	294	
194	52	24	6,80	354	1257		219	16	36	3,70	59	471	
195	104	20	6,75	702	1734	Zone 22	220	16	30	3,60	58	322	
196	64	20	2,85	182	450		221	32	24	3,30	106	376	Zone 10
197	280	16	2,05	574	907		222	6	36	6,70	40	320	
198	14	24	10,40	146	518		223	16	24	6,10	102	362	
199	24	24	2,90	70	249	Bügel Zone 16	224	16	30	10,90	174	966	
200	50	16	1,25	63	100		225	76	16	8,25	627	991	
201	40	16	1,25	50	79	Bügel	226	20	16	4,75	95	150	Verteil-eisen
202	14	30	6,95	97	538		227	100	16	3,25	325	514	
203	20	24	7,40	148	525		228	20	16	4,75	95	150	
204	6	24	8,70	52	185								Bügel für Wandstärke kleiner 1,0m Länge, nach Schalung
205	16	36	3,65	59	471		229		12		50 lfm	45	
206	6	36	5,60	34	272	Zone 14							
207	12	36	5,00	60	479		186a	40	16	0,70	28	44	
208	16	20	3,15	50	127		186b	40	16	2,90	116	183	
209	20	36	4,10	82	655		202a	26	30	6,55	170	944	
210	14	24	7,90	111	394		230	5	30	6,95	35	194	
					22816							34765	

Die Abb. 5 und 6 zeigen die Anordnung der Bewehrung in den Eisenbetonkonstruktionen der Einlaufspirale und der Saugrohre. Aus diesen Abbildungen ist auch die Anordnung der Gußfugen zu ersehen, die mittels besonderer Eiseneinlagen und Verzahnungen nach Möglichkeit rißsicher ausgebildet wurden.

Das Kraftwerk Ryburg-Schwörstadt. Das zur Zeit noch im Bau befindliche Großkraftwerk am Oberrhein ist eines der 13 vorgesehenen Kraftwerke, die das 150 m betragende Gefälle des Rheins vom Bodensee bis Basel zur Gewinnung elektrischer Energie einst ausnützen werden. Es liegt zwischen den schon bestehenden Werken Eglisau (Abb. 12) und Laufenburg oberhalb, Rheinfelden und Augst-Wyhlen unterhalb.

Ausgebaut für eine Wassermenge von 1000 cbm/sec. die zugleich die mittlere Wassermenge des Jahres ist, wird das Kraftwerk bei Mittelwasser mit etwa 11 m Nutzgefälle maximal etwa 130000 kVA leisten. Die 4 zur Aufstellung kommenden Generatoren mit je 32500 kVA werden durch 4 der größten bisher gebauten Kaplanturbinen mit einer Schluckfähigkeit von je 250 cbm/sec, die auf 300 cbm/sec gesteigert werden kann und je 35000 PS maximaler Leistung angetrieben. Der Laufraddurchmesser jeder der 4 Kaplanturbinen beträgt 7,0 m. Die horizontale Entfernung von Turbinenachse bis Saugrohrende beträgt 35,0 m. Die Maschinensätze werden in einem etwa 130 m langen Krafthaus untergebracht.

Aus Abb. 8 sind die Einzelheiten der Bewehrung der Saugrohrdecke zu ersehen. Die Berechnungsgrundlagen sind in Abschnitt E, IV, 2 — Berechnung und Konstruktion der Beton- und Eisenbetonkonstruktionen des Saugkrümmers — näher besprochen. Einen Blick in die Baugrube und die Schalungsarbeiten an der Saugrohrdecke zeigt die Abb. 37.

Abb. 9 zeigt verschiedene Schnitte durch das Turbinensaugrohr. Die Querschnitte *10* und *12* wurden als eingespannte Gewölbe berechnet, während die übrigen Querschnitte in statischer Beziehung als dreistielige Rahmen aufgefaßt wurden. Die der statischen Berechnung zugrunde gelegten Systeme sind aus Abb. 24 ersichtlich.

Zahlreiche Beispiele ausgeführter amerikanischer Wasserkraftanlagen sind in dem Abschnitt E enthalten. Einzelheiten der Bewehrung und konstruktiven Durchbildung der Eisenbetonkonstruktionen sind aus den Abb. 26 bis 30 und 36 ersichtlich.

E. Berechnung und Konstruktion der Einlaufspirale und des Turbinensaugrohrs.

I. Allgemeines.

In den folgenden Abschnitten sollen die Berechnungsmethoden der Beton- und Eisenbetonkonstruktionen, aus denen sich der Unterbau des Krafthauses zusammensetzt, sowie die dabei zu ergreifenden konstruktiven Maßnahmen kurz besprochen werden.

Es ist nicht Aufgabe dieser Arbeit, hierbei sämtliche in der Praxis vorkommende Möglichkeiten zu erfassen, vielmehr soll an Hand von typischen Bauformen gezeigt werden, in welcher Weise die Methoden der Statik auf die Berechnung und Dimensionierung der einzelnen Bauglieder angewandt werden und welche Gesichtspunkte für die konstruktive Durchbildung derselben in Frage kommen.

Die allgemeine Anordnung der Anlage, Form und Abmessungen der Wasserwege werden hauptsächlich von hydraulischen Gesichtspunkten beeinflußt, wobei oft umfangreiche Modellversuche nicht zu umgehen sind, wenn spätere unangenehme Erfahrungen vermieden werden sollen. Hierbei läßt sich zuweilen die verständnisvolle Zusammenarbeit von Maschinen- und Bauingenieur vermissen, und letzterer wird dann vor Aufgaben gestellt, die erhebliche Schwierigkeiten in bautechnischer Beziehung bieten. Die nachfolgenden Ausführungen haben daher auch den Zweck, dem Maschineningenieur nicht nur die Berechnungsgrundlagen des Bauwerks vorzuführen, sondern ihn auch über das Kräftespiel und den mutmaßlichen Spannungsverlauf innerhalb der Konstruktion zu unterrichten.

Was nun die eigentlichen Berechnungsmethoden anbetrifft, so ist es wohl überflüssig, an dieser Stelle nochmals darauf hinzuweisen, daß die statischen Berechnungen bei Eisenbetonbauten, speziell im vorliegenden Falle, einen ganz anderen Sinn als z. B. bei Eisenbauten haben. Der Grund hierfür liegt in der Hauptsache beim Material, dann aber auch in der Unsicherheit der Belastungsannahmen im Wasserbau. Es wird sich daher immer um mehr oder minder gute Näherungsberechnungen handeln, wobei aber darauf zu achten ist, daß man das tatsächliche Kräftespiel möglichst vollkommen erfaßt.

Bei der Standfestigkeitsuntersuchung des Krafthauses wird man in der Regel voraussetzen, daß der Bau ein zusammenhängendes Ganzes bildet. Damit nun diese Voraussetzungen erfüllt werden, wird man die einzelnen Konstruktionsteile so berechnen und ausbilden, daß bei einem möglichen Abheben des oberwasserseitigen Teiles vom Untergrund der Zusammenhang gewahrt bleibt.

Die der statischen Berechnung zugrunde zu legenden Belastungsannahmen folgen aus den zwei Hauptbelastungszuständen:

1. Herabgelassene Schützen bzw. mit Dammbalken verschlossene Notverschlüsse.

Höchster Oberwasser- und tiefster Unterwasserstand vorhanden.

Keine Auflasten durch Maschinen bzw. Aufbauten vorhanden.

Dieser Zustand tritt ein, wenn nach Vollendung der Eisenbetonkonstruktion, jedoch vor Montage der Maschinen und des Krafthausüberbaues aufgestaut wird, wobei die ober- und unterwasserseitigen Dammbalkenverschlüsse geschlossen sind. Dieser Belastungszustand soll kurz als „Montagezustand" bezeichnet werden.

2. Ungünstigste Beanspruchung bei Vollbetrieb. Es wirken:

Das fertige Bauwerk mit allen Aufbauten.

Sämtliche Maschinenlasten.

Kran mit Höchstbelastung in äußerster Stellung auf der Unterwasserseite.

Winddruck von der Oberwasserseite.

Höchster Oberwasserstand und tiefster Unterwasserstand.

Bei der Bemessung der einzelnen Bauteile wird man vor allem diese beiden Belastungszustände — Montagezustand einerseits und Vollbetrieb andrerseits — im Auge behalten unter Berücksichtigung der ungünstigsten Lastenkombinationen für den betreffenden Bauteil. Es kommen in der Hauptsache folgende Lasten in Frage:

Eigengewicht.

Wasserdruck und Auftrieb.

Auflasten, bestehend aus Rechenputzmaschine, Kran bzw. Windwerke zum Bedienen der Dammbalken und Schützen, Auflagerdrücke der Hallenbinder, Maschinen und sonstige Nutzlasten je nach der Art der Grundrißlösung.

Bodenpressung.

II. Einlaufkonstruktion.

Die Decke und Sohlenplatte der Einlaufkammer, die Haupt- und Nebenpfeiler, welche die Seiten- und Zwischenwände des Einlaufs bilden, ergeben zusammen ein mehrfach statisch unbestimmtes System. Mit Rücksicht darauf, daß die Voraussetzungen der statischen Berechnung nur angenähert zutreffen und außerdem während der Bauausführung noch Umstände hinzutreten können, welche eine Verschiebung dieser Voraussetzungen bewirken, wird man bei der Berechnung gewisse vereinfachende Annahmen machen, um diesen Verhältnissen Rechnung zu tragen.

Vielfach genügt es daher, das statische System der Einlaufkammern in eine Anzahl einfacher oder durchlaufender Balken oder Platten aufzulösen. Wie weit man hierbei gehen kann, hängt ab von den Annahmen, die bei der Standsicherheitsberechnung gemacht werden, von der allgemeinen Anordnung der Anlage und den Bodenverhältnissen.

Die Seitenwände der Einlaufkammern und zum Teil auch der Einlaufspirale werden in der Regel von den Hauptpfeilern des Krafthauses gebildet. Diese dienen zugleich zur Überleitung der Lasten auf den Untergrund. Man wird daher durch möglichst straffe Formgebung dafür sorgen müssen, daß der Kraftfluß ungehindert vor sich gehen kann. Dieses ist besonders im Bereich der eigentlichen Einlaufspirale zu beachten, da sich hierbei oft aus hydraulischen Gründen Grundrißlösungen ergeben, die sich baukonstruktiv ungünstig auswirken. Von bautechnischem Standpunkt aus sind ferner vertikale und bei sehr hohen Einlaufquerschnitten auch horizontale Zwischenwände der Einlaufkammern sehr erwünscht, da hierdurch neue Lagerungsmöglichkeiten für die Sohlenplatte und Deckenkonstruktion geschaffen werden. Hierdurch kann die oft sehr erhebliche Spannweite dieser Bauteile stark reduziert werden, was wirtschaftlich von großem Einfluß ist. Auch in bezug auf die Dammbalken oder Schützenverschlüsse kann eine solche Unterteilung erwünscht sein und zu einer Verbilligung der Anlagekosten führen. Meist werden solche vertikale und horizontale Trennwände auch schon aus wasserbaulichen Rücksichten zur Erzielung eines gleichförmigen Zustromes zur Turbine angeordnet.

Da in diesem Teil des Unterbaues die Lastübertragung im wesentlichen durch die Hauptpfeiler erfolgt und meist laut Voraussetzung keine Zugspannungen in der Fundamentfuge zwischen Beton und Fels übertragen werden können, so werden die Pfeiler kragträgerartig wirken.

Damit eine Kragträgerwirkung und infolgedessen auch eine Anhängung der oberwasserseitigen Lasten zustande kommt, muß sich der Felsen unter der unterwasserseitigen Kante etwas deformiert, d. h. eine Zusammenpressung erlitten haben, denn der Pfeiler, der als Konsole wirkt, muß sich durchbiegen, bevor er die ganze Last aufnehmen kann.

Entlastend auf das Kragmoment wirken, außer dem Auftrieb und der Bodenpressung, die Horizontalkräfte aus dem Wasserdruck. Hierbei kann angenommen werden, daß die außerhalb des eigentlichen Pfeilerquerschnittes anfallenden Wasserdruckkräfte durch Sohlen- und Bodenplatte der Spirale dem Pfeiler zugeleitet werden. Die in die Berechnung einzuführende Belastungsbreite ist je nach den örtlichen Verhältnissen festzusetzen. Die Pfeilerquerschnitte werden somit auf Biegung mit Axialkraft beansprucht.

In Wirklichkeit werden sich die Verhältnisse günstiger gestalten durch die immer vorhandene biegungssteife Verbindung der Balken- und Plattensysteme des Krafthausbaues. Besonders durch die stark bewehrte Spiralendecke und Sohle wird eine gute Verbindung der Gesamtkonstruktion hergestellt. Sie wird sich daher als Ganzes an der Überleitung der Lasten beteiligen. Nach dem Satz vom Minimum der Formänderungsarbeit wird sich im Bauwerk ein solcher Kräfteverlauf und Spannungszustand einstellen, bei dem der Kraftfluß bei geringsten Deformationen vor sich gehen kann. Die Kräfte werden versuchen, auf kürzestem Wege ins Fundament zu gelangen, daher wird ein Teil der Kräfte, in diesem Fall der angehängten Lasten, seinen Weg nicht erst über die Hauptpfeiler nehmen, sondern direkt durch die Mitwirkung der oberen und unteren Platte der Einlaufspirale übertragen werden.

Die Zwischenpfeiler versteifen dieses Rahmengebilde, das konsolartig wirkt, und geben ihre Lasten an die Spiralendecke und Sohle zwecks Weiterleitung ab. Aus diesem Grunde sind entsprechende Eiseneinlagen vorzusehen, um die Kräfte aufzunehmen und weiterzuleiten.

Bei der Anordnung der Eiseneinlagen sowie bei der sonstigen konstruktiven Durchbildung der Einzelteile sind die Voraussetzungen der statischen Berechnung stets im Auge zu behalten. Man wird daher besondere schräge oder senkrechte Ankereisen überall dort anordnen, wo angehängte Lasten zu übertragen sind. In der Regel wird man dieselben so bemessen, daß man von einer Mitwirkung des Betons bei der Kraftübertragung ganz absieht.

Auch dem Anschluß der oberwasserseitigen Konstruktion an den unterwasserseitigen Teil ist genügend Aufmerksamkeit zu widmen. Die Hauptarmierung der Balkenkonstruktionen des Einlaufes erstreckt sich von Hauptpfeiler zu Hauptpfeiler, d. h. senkrecht zur Fließrichtung des Wassers. Hinsichtlich des Kräfteverlaufs und der Spannungsverteilung senkrecht zu dieser angenommenen Hauptrichtung ist es für diese Konstruktionen im allgemeinen nicht möglich, exakte Berechnungen durchzuführen. Man wird daher aus konstruktiven Gründen in der Fließrichtung des Wassers verlaufende horizontale Eisen anordnen, um Rißbildung zu vermeiden und den zu erwartenden Kraftfluß zu unterstützen. Diese Eiseneinlagen spielen zugleich die Rolle von Verteilungseisen der Balkenkonstruktionen des Einlaufs sowie der Armierung der Spiralendecke. Sie haben aber noch einen anderen wichtigen Zweck zu erfüllen, und zwar müssen sie den Wasserdruck, der durch die Spiralenwandung auf die Decke übertragen wird, aufnehmen und weiterleiten.

Diesen Eisen kommt eine erhöhte Bedeutung zu, wenn, wie bei dem Kraftwerk Ryburg-Schwörstadt, zwischen jedem Aggregat Trennungsfugen angeordnet sind. Durch Beobachtung an schweizerischen Kraftwerken ist einwandfrei festgestellt worden, daß eine Bewegung in diesen Fugen stattfindet. Es müssen daher die konstruktiven Maßnahmen so getroffen werden, daß der Block als zusammenhängendes Ganzes arbeiten kann, ohne daß schädliche Rißbildung auftritt. Außerdem dürfte es sich empfehlen, die in Abb. 11 angedeuteten abgebogenen Zulageeisen zur Lastverteilung einzulegen, da an diesen Stellen bedeutende Kräfte in die Deckenplatte eingeleitet werden.

Es braucht wohl nicht besonders hervorgehoben zu werden, daß mit der Anordnung von Eiseneinlagen noch nicht sämtliche konstruktive Forderungen erfüllt sind. Vielmehr nützen noch so reichlich angeordnete Bewehrungseisen nichts, wenn die Formgebung der Beton- und Eisenbetonkonstruktionen unzweckmäßig ist und die Bauausführung keine Rücksicht auf die Voraussetzungen der statischen Berechnung nimmt. Durch straffe, einfache Bauformen, sowie zweckentsprechende Gliederung wird man versuchen, klare statische Verhältnisse zu schaffen und den Kraftfluß zu zwingen, die Wege einzuschlagen, die ihm der Konstrukteur vorschreibt.

Es wurde schon darauf hingewiesen, daß es im Krafthausbau vor allem darauf ankommt, wasser- und luftdichte Konstruktionen zu erhalten, d. h. Rißbildung unter allen Umständen zu vermeiden. Wege, die zu diesem Ziel führen, sind vor allem neben der Herstellung eines dichten, festen Betons die zweckmäßige Anordnung der Eiseneinlagen und eine sorgfältige Bauausführung.

Trotzdem dürfte es sich empfehlen, bei allen Konstruktionsteilen, nicht nur der Einlaufkammern, sondern auch der Zulaufspirale, des Saugrohrs usw. die dem Wasserdruck ausgesetzt sind, die auftretenden Betonzugspannungen unter 25 kg/qcm zu halten, um die Gefahr der Rißbildung zu verringern. Es soll an dieser Stelle ausdrücklich betont werden, daß durch den rechnerischen Nachweis einer niedrigen Betonzugspannung noch keine Gewähr für die Rißsicherheit der Konstruktion gegeben ist; immerhin hat man auf diese Weise einen Maßstab für die Beurteilung der Spannungsverhältnisse zur Hand.

Hinsichtlich der auftretenden Bodenpressungen mögen noch einige Bemerkungen hier Platz finden. Meist wird nur mit der mittleren Bodenpressung gerechnet, die sich aus der Standfestigkeitsberechnung unter Voraussetzung eines starren Bauwerks ergibt. Diese Pressung ist jedoch zu groß für die Zonen unter den elastischen Plattenfeldern und zu klein für die Gebiete unter den belasteten Pfeilern. Auch wird ohne Zweifel unter den Pfeilern das durch Bodenpressungen beanspruchte

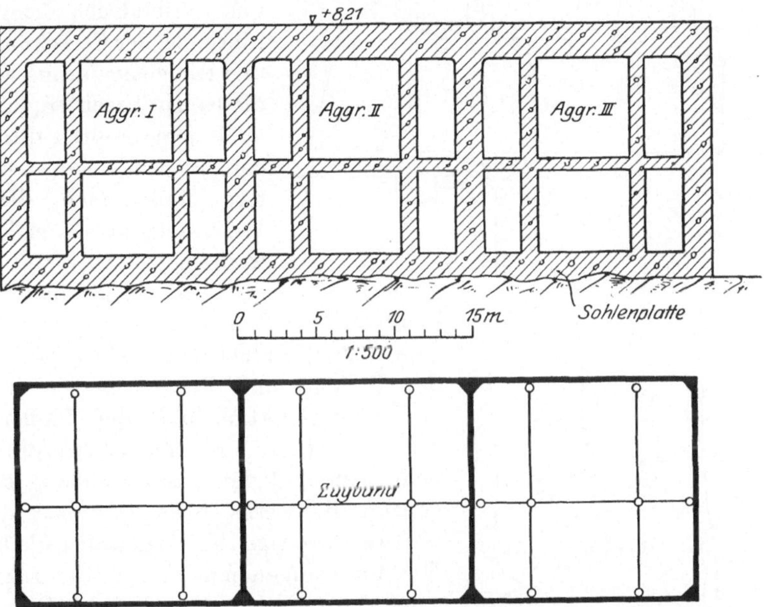

Abb. 10. Lilla-Edet-Kraftwerk in Schweden. Statisches System der Einlaufkonstruktion, das der Berechnung zugrunde gelegt wurde. (Z. V. d. I. 1928, H. 39.)

Gebiet sich weiter nach der Oberwasserseite zu erstrecken als unter den Plattenfeldern. Es ist daher auch anzunehmen, daß ein wesentlicher Teil der Last direkt auf den Untergrund abgegeben wird.

Zur Ergänzung der vorstehenden Betrachtungen soll an zwei Beispielen ausgeführter Anlagen gezeigt werden, in welcher Weise die Gliederung der Gesamtkonstruktion vorgenommen wurde, um sie einer Berechnung zugänglich zu machen.

Beim Krafthaus der Anlage Lilla Edet in Schweden (Abb. 4) wurde aus diesem Grunde der Dimensionierung das in Abb. 10 dargestellte statische System zugrunde gelegt. Es wurden hierbei verschiedene Teile des Rahmensystems herausgeschnitten gedacht, und zwar so, daß in der Regel höchstens drei überzählige Größen zu berechnen waren, wobei ein gewisser Einspannungsgrad an den betreffenden Schnittstellen angenommen wurde. Bei der Ermittlung der Formänderungen des Rahmens wurde nur der Einfluß der Biegungsmomente berücksichtigt, von dem Einfluß der Normalkräfte wurde wie üblich abgesehen.

Beim Kraftwerk Ryburg-Schwörstadt wurden die Lasten des oberwasserseitigen Teiles bei der Standfestigkeitsberechnung als Gegengewicht gegen das Kippmoment infolge Wasser- und Winddruck eingeführt. Bei der Berechnung und Dimensionierung war dieses zu beachten, und außerdem mußten durch entsprechende konstruktive Maßnahmen diese Voraussetzungen erfüllt werden.

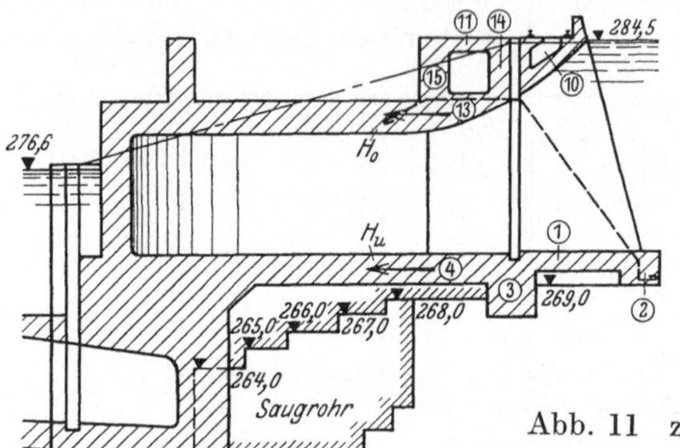

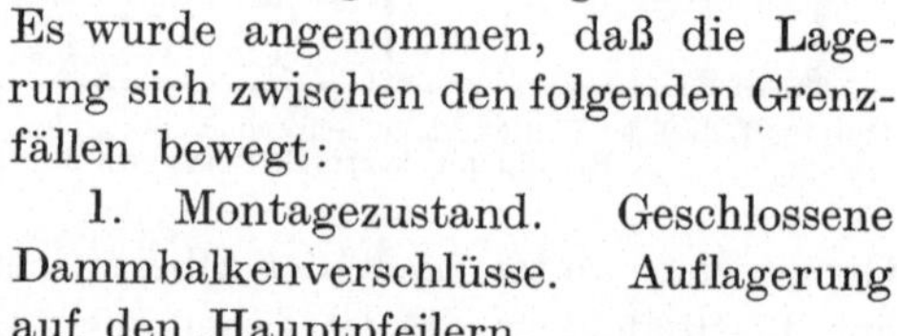

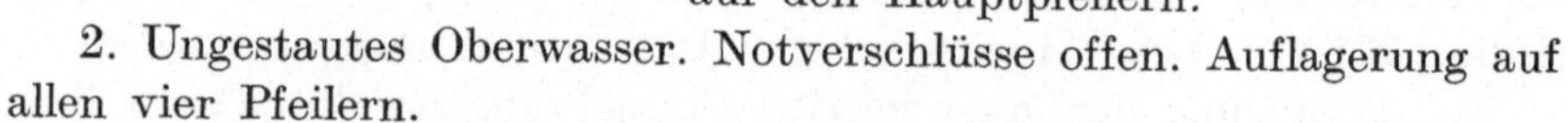

Abb. 11. Kraftwerk Ryburg-Schwörstadt. Statisches System der Einlaufkonstruktion, das der Berechnung zugrunde gelegt wurde.

Abb. 11 zeigt die Auflösung der komplizierten Rahmenkonstruktionen in eine Anzahl einfacher und durchlaufender Balken- und Plattensysteme. Die Balkenkonstruktion über den Pfeilern, Pos. *10*, *11*, *13*, *14* und *15*, wurde so bemessen, daß der Zusammenhang des ganzen Bauwerks beim Abheben des oberwasserseitigen Teiles gewahrt bleibt. Es wurde angenommen, daß die Lagerung sich zwischen den folgenden Grenzfällen bewegt:

1. Montagezustand. Geschlossene Dammbalkenverschlüsse. Auflagerung auf den Hauptpfeilern.

2. Ungestautes Oberwasser. Notverschlüsse offen. Auflagerung auf allen vier Pfeilern.

Die während des Betriebes auftretenden Belastungszustände liegen zwischen diesen Grenzfällen.

III. Einlaufspirale.

1. Allgemeines.

Die konstruktive Ausbildung der Einlaufspirale bietet dem Bauingenieur eine Fülle von interessanten Aufgaben. Bei der Ermittlung der günstigsten Form und Abmessungen der Einlaufspirale sind, wenigstens bei bedeutenderen Anlagen, Modellversuche nicht zu umgehen, da besonderes Gewicht auf gute Wasserführung und hohen hydraulischen Wirkungsgrad zu legen ist.

Ihre Querschnittsform ist bei Ausführung in Eisenbeton meist rechteckig mit abgerundeten Ecken. Die Spiralendecke, die oft auch zugleich den Maschinenhausfußboden bildet, die Sohlenplatte, sowie die gekrümmten Wandungen bilden ein räumliches System, dessen exakte Berechnung unmöglich ist, zumal durch das Betonmassiv des Saugkrümmers einerseits und des Hallenaufbaues andererseits die elastischen Eigenschaften dieses räumlichen Systems stark beeinflußt werden. Man ist daher gezwungen, mehr oder minder zutreffende Annahmen bei der Auswahl der statischen Systeme zu machen, welche der Berechnung zugrunde gelegt werden.

Es soll in diesem Zusammenhang noch auf einen grundsätzlichen Unterschied der europäischen und amerikanischen Baupraxis in bezug auf den Krafthausbau hingewiesen werden. In Europa ist man im allgemeinen bestrebt, die bauliche Ausgestaltung des Krafthauses so zu treffen, daß möglichst klare Verhältnisse für die statische Berechnung und die Zusammenarbeit der einzelnen Glieder des Bauwerkes geschaffen werden. In der amerikanischen Baupraxis neigt man im Gegensatz zu dieser Bauweise oft dazu, eine solche weitgehende Gliederung zu vermeiden unter der Annahme, daß im Beton, der unter dem Einfluß von Druckkräften steht, sich von selbst der günstigste Spannungsausgleich, nämlich Gewölbewirkung, einstellen wird. Diese Voraussetzungen werden zweifellos oft zutreffen bei entsprechender Anordnung der Betonmassen und sorgfältiger Bauausführung.

Andererseits darf nicht verkannt werden, daß eine derartige Häufung großer Betonmassen, wie man sie nicht selten bei amerikanischen Anlagen findet, ihre großen Schattenseiten hat. Ganz abgesehen davon, daß die Baukosten in ungünstigem Sinne beeinflußt werden können, wird eine einigermaßen zutreffende statische Berechnung der Konstruktion einfach unmöglich sein. Der Entwurfsbearbeiter ist dann lediglich auf sein konstruktives Gefühl angewiesen, das ihn nicht immer zu der zweckmäßigsten Lösung des Problems führen wird. Aus diesem Grunde ist den Methoden der europäischen Baupraxis der Vorzug zu geben.

Bei der Berechnung der statischen Verhältnisse der Einlaufspirale wird man außer dem Wasserdruck, der aus dem maximalen Stau resultiert, noch mit einer Wellenbildung und Drucksteigerung im Spiralgehäuse bei plötzlichem Abschluß der Turbine rechnen. Je nach der Zeit T, die hierfür angesetzt wird, ergibt sich die Größe dieses zusätzlichen Wasserdruckes. Bei Hebereinbau, der bei extrem niedrigen Gefällen in Europa selten, in Amerika aber sehr oft zur Anwendung gelangt, da er wirtschaftliche Vorteile, wie z. B. eine bedeutende Ersparnis an Aushub, bringt, ist zu berücksichtigen, daß durch das teilweise Vakuum in der Turbinenkammer eine stark erhöhte Belastung der Spiralendecke im Sinne der von oben nach unten wirkenden Lasten eintritt. Bei der Berechnung der Spiralenwandungen wird man außer dem Betriebszustand noch den Fall zu untersuchen haben, daß bei geschlossenen Dammbalkenverschlüssen und leerer Spirale sich Druckwasser in eventuell vorhandenen Trennungsfugen befindet.

Auf die Decke wirken außer dem Wasserdruck noch das Eigengewicht und je nach der Bauart die schweren Lasten des Generatorstators und der umlaufenden Maschinenteile nebst Wasserauflast. Zu diesen Gewichten tritt noch ein Zuschlag von 20 bis 50%[1] zur Berücksichtigung der vom rotierenden Teil der Maschinengruppe herrührenden Erschütterungen. Es können außerdem noch die Fußbodenbelastung des Maschinensaales, sowie die beim Abstellen von Maschinenteilen anfallenden Lasten auf die Decke übertragen werden. Es hängt dieses meist davon ab, ob außer dem Turbinenboden, d. h. der Spiralendecke, noch ein besonderer Generatorboden ausgebildet wird, wie dies z. B. beim Rheinkraftwerk Eglisau geschehen ist (Abb. 12).

Der Generatorboden wird dort durch ein System von Unterzügen getragen, die mit den Säulen und der Decke der Einlaufspiralen einen geschlossenen Rahmen bilden und das Gewicht des Generatorstators zu tragen haben. Die Bodenfläche zwischen den Unterzügen und der Kabelgangmauer wird durch die Öffnungen für die Generatoren unterbrochen. Es bilden sich also Zwickel in der Deckenplatte, die das Statorgewicht auf die Unterzüge zu übertragen haben. Diese Zwickel sind einerseits in die Unterzüge bzw. Wände eingespannt, andererseits werden sie durch Kragwirkung die Lasten übertragen. Dementsprechend sind sie als Konsolen und beiderseitig eingespannte Träger zu armieren.

Das Gewicht der rotierenden Teile der Turbine und des Generators sowie der hydraulische Axialschub werden hier von einem Spurlager aufgenommen, welches entgegen der üblichen Anordnung zwischen Turbine und Generator angeordnet ist. Es soll in diesem Zusammenhang kurz auf diese auch den Bauingenieur interessierende Frage eingegangen werden, da unter Umständen gewisse Vereinfachungen hinsichtlich der Durchbildung der Fundamente als auch der Raumausnutzung des Generatorgeschosses sich ergeben können.

Die moderne Entwicklung gibt heute und wohl auch in nächster Zukunft der vertikalachsigen Bauart, bei der das Spurlager einen äußerst wichtigen Konstruktionsteil bildet, den entschiedenen Vorzug. Eine klare Trennung zwischen Turbine und Generator erscheint manchen Konstrukteuren sehr wünschenswert, insbesondere der Anbau

---

[1] Die Literaturangaben hierüber sind sehr schwankend.

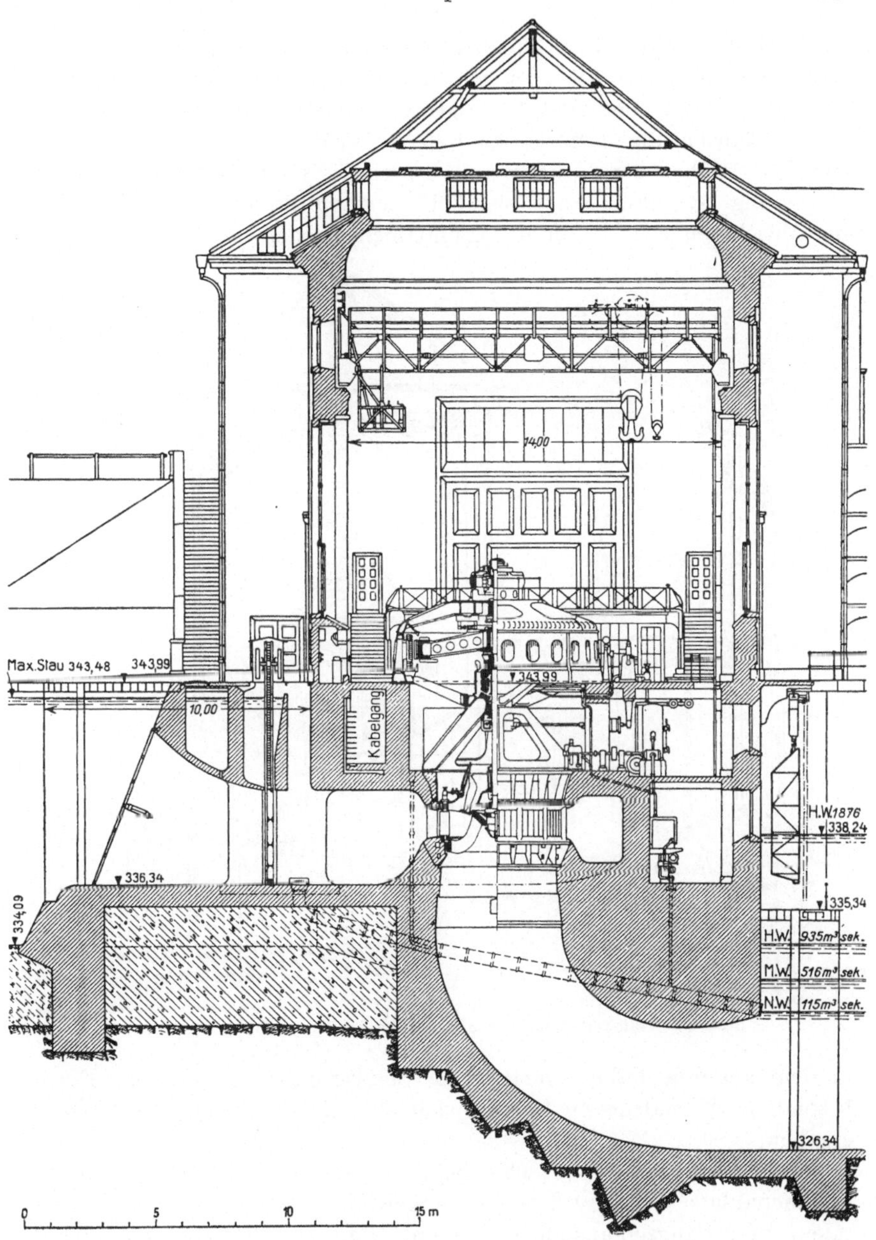

Abb. 12. Kraftwerk Eglisau. (Schweiz. Bauzg. 1927.)

des Spurlagers an die Turbine an Stelle des meist üblichen Aufbaues
oberhalb des Generators, damit bei Reparaturen am Generator, die eine
Demontage desselben erfordern, nicht auch das Spurlager mit demon-

tiert werden muß. Da Generatorreparaturen aber heute zu Seltenheiten gehören, so erklärt es sich, daß diese Anordnung relativ wenig vorkommt. Viel eher sind Reparaturen an den Traglagern oder ähnlichen Einrichtungen nötig, so daß meist doch die Anordnung des Spurlagers über dem Generator vorgezogen wird. In bautechnischer Beziehung ist diese Frage ziemlich gleichgültig, da die Überleitung der Maschinengewichte in das Fundament weder in dem einen noch

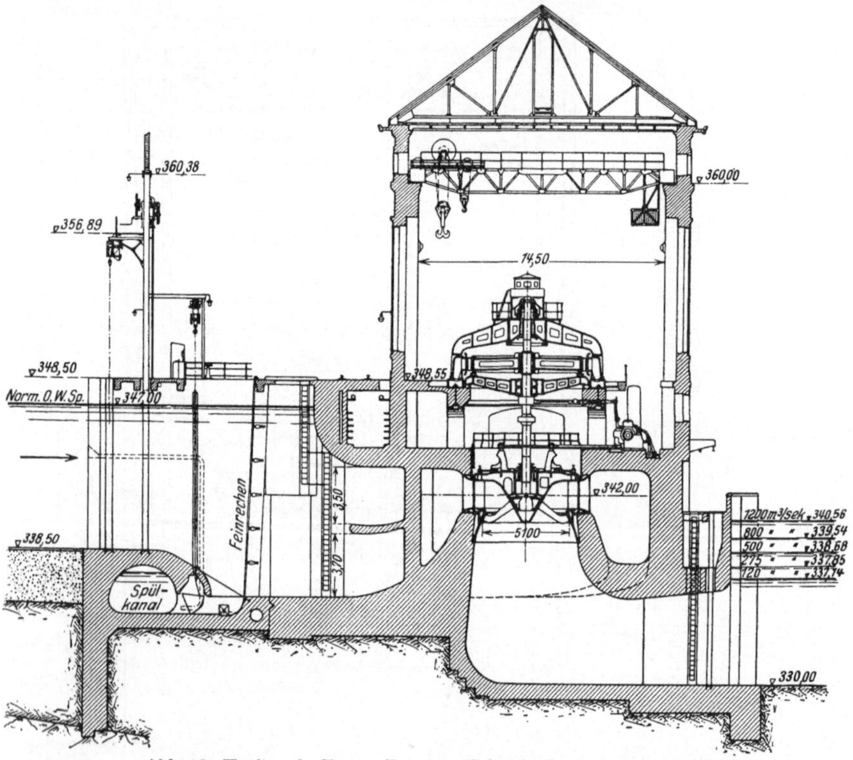

Abb. 13. Kraftwerk Chancy-Pougny. (Schweiz. Bauzg. 1926, Nr. 19.)

in dem anderen Falle irgendwelche Schwierigkeiten bereitet. Unter besonderen Verhältnissen können sich aber auch hier gewisse Vorteile ergeben.

Wesentlich größere wirtschaftliche Vorteile bietet die bei der Großturbinenanlage Chancy-Pougny angewandte Bauweise. Um die Spiralen- und Saugschlauchdecke zu entlasten, wurden die Maschinengewichte und der axiale Schub des Spurlagers durch Gewölbekonstruktionen auf die massiven Betonteile zwischen den einzelnen Aggregaten übertragen. Von der Anordnung eines besonderen Generatorbodens wurde also hier abgesehen (Abb. 13). Die Spiralendecke hat in diesem

Falle außer dem Wasserdruck nur ihr Eigengewicht und die Belastung durch Hilfsmaschinen usw. zu tragen.

Auch der Saugschlauchhals, der die innere Spiralenwandung bildet, sowie der obere Teil der Saugschlauchdecke haben außer der Wasserauflast, dem vermittels der Leitschaufeln übertragenen Auflagerdruck der Decke sowie dem Eigengewicht, nur das Gewicht der festen Teile der Turbine in das Fundament zu leiten. Daher können diese Bauteile innerhalb gewisser Grenzen wesentlich leichter ausgebildet werden. Mit Rücksicht auf die vom Maschinenbetrieb herrührenden Vibrationen muß selbstverständlich eine gewisse Steifigkeit der Gesamtkonstruktion vorhanden sein.

Bei anderen Anlagen, wie z. B. den Mainkraftwerken bei Hanau, hat man die Spiralendecke dadurch entlastet, daß man durch eine Balkenkonstruktion das Gewicht des Generators und der Turbine auf die massiven Teile übertrug. Die Generatoren sind hier auf einem besonderen Boden gelagert, der eine sehr geringe Bauhöhe aufwies. Aus diesem Grunde wurde für diesen Zwischenboden eine Melanträger-Konstruktion ausgeführt. Der durchlaufende Träger wurde hier mit sehr starken Vouten ausgebildet. Die Höhe über den Stützen, in diesem Falle das Betonmassiv zwischen den Aggregaten, ist mehr als doppelt so groß wie in Feldmitte. Dadurch wurde es möglich, die Feldmomente wirksam zu reduzieren und mit sehr geringer Konstruktionshöhe auszukommen.

Die Anordnung eines besonderen Generatorbodens dürfte sich, von Ausnahmefällen abgesehen, nicht empfohlen, da hierdurch im allgemeinen keine wirtschaftlichen Vorteile erzielt werden können. Wie in Abschnitt A ausgeführt, besteht beim modernen Krafthausbau die Tendenz, die teuren hohen Überbauten nach Möglichkeit zu vereinfachen oder ganz zu vermeiden. Durch die Anordnung eines Zwischenbodens wird aber die Höhe des Maschinensaales um eine Geschoßhöhe vermehrt. Außerdem wird es nicht immer möglich sein, in einwandfreier Weise die Überleitung der Lasten in den Untergrund zu bewerkstelligen. Da es oft vorkommt, daß die örtlichen Verhältnisse eine relativ dünne Wandung zwischen den einzelnen Spiralen bedingen, so kann die schwingungstechnische Seite dieses Problems immerhin einige Schwierigkeiten bereiten. Außerdem ergeben sich beim Wegfall des Zwischenbodens auch gewisse betriebstechnische Vorteile, wie: Übersichtlichkeit der Aufstellung bei reichlicher natürlicher Beleuchtung, Zugänglichkeit zum turbinenseitigen Führungslager, zum Regulierring und zu den Hilfseinrichtungen, sowie leichte Übersicht über die ganze Maschinenanlage.

Der Betonaufbau oder Sockel, mit welchem der Generator durch Ankerbolzen verbunden ist, muß nicht nur für die Aufnahme der anfallenden senkrechten Lasten berechnet werden, sondern es sind außerdem noch die besonderen vom Maschinenbetrieb herrührenden Kräfte zu berücksichtigen.

An senkrecht wirkenden Kräften fallen an: Maschinengewichte und der Axialschub der Spurlager. Um die Erschütterungen infolge des Maschinenbetriebes zu berücksichtigen, kann ein Zuschlag von etwa 50% zu den statischen Lasten gemacht werden. Ferner ist zur Berücksichtigung eines eventuellen Kurzschlußmomentes und anderer elektrischer Störungen ein ringförmig angreifender Schub am ganzen oberen Umfang anzubringen. Die Größe dieser Kraft, die den Generatorpiedestal auf Torsion beansprucht, kann näherungsweise zu 50% vom Gesamtgewicht des Generators angenommen werden.

2. Berechnung und Konstruktion der Spiralendecke und der Spiralenwandungen.

Wenn von einer Entlastung der Spiralendecke durch eine Gewölbe- oder Balkenkonstruktion abgesehen wird, so bestehen zwei Möglichkeiten, die Lasten auf den Untergrund zu übertragen. Da die Spiralendecke eine Scheibe darstellt, die oberhalb des Turbinendeckels aus Gründen der Zugänglichkeit unterbrochen sein muß, und die an ihrem Umfang auf der Spiralenwandung aufliegt und mit ihr verbunden ist, so kann die Übertragung der Maschinengewichte und Wasserdrücke entweder durch die Decke selbst erfolgen, indem die Lasten an die Wandung abgegeben und von dort weitergeleitet werden, oder die Decke ist am Umfang des Leitrades an einzelnen Punkten unterstützt, und ein großer Teil der Lasten, so vor allem die schweren Maschinengewichte nebst hydraulischen Reaktionskräften können vermittels dieser „Stützschaufeln‘‘ direkt weitergeleitet werden.

Der erstere Weg wird oft bei kleineren und mittleren Anlagen beschritten, während bei Großkraftanlagen schon aus rein wirtschaftlichen Gründen nur die zweite Möglichkeit in Frage kommt. Beim Fehlen von lastübertragenden „Stützschaufeln‘‘ können entweder die Maschinenlasten durch Eisenkonstruktionen, gewöhnlich mehrere nebeneinander liegende genietete Blechträger, abgefangen werden, oder die Platte wird durch entsprechende Armierung in Stand gesetzt, die Lasten auf die Seitenwände zu übertragen. Zwecks statischer Berechnung und Dimensionierung wird in diesem Falle die Maschinenhausplatte in einzelne Streifen zerlegt, die wie elastisch eingespannte Träger berechnet werden (Abb. 14).

Die Lasten werden von den inneren Nebenträgern A, A' und B auf die Hauptträger C und D und von diesen auf die Fundamente abgesetzt. Die elastische Einspannung der einzelnen Streifen kann dadurch berücksichtigt werden, daß man bei der Berechnung als Balken auf 2 Stützen halbe Einspannung für Feldmomente und volle Einspannung für Stützenmomente annimmt. Die Träger A und B haben außer dem Eigengewicht noch die anteiligen Maschinenlasten aufzunehmen, die entweder durch besondere Stützfüße oder auch durch einen Sockel übertragen werden. Der von unten nach oben wirkende Wasserdruck spielt meist eine untergeordnete Rolle, da diese Bauart in der Hauptsache bei kleineren Anlagen und niedrigem Gefälle zur Anwendung kommt und das Eigengewicht der Decke meist schon genügt, um den Wasserdruck aufzunehmen.

Man wird selbstverständlich die errechnete Bewehrung entsprechend den angreifenden Lasten anordnen, also in der Wirkungszone der Maschinenlasten die Eisen in einem engeren Abstand verlegen. Auch wird man die Feldbewehrung über die Tragstreifen C und D hinaus bis zur Spiralenwandung bzw.

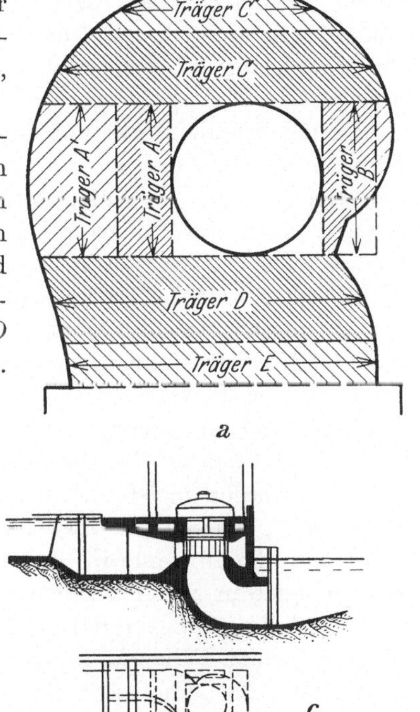

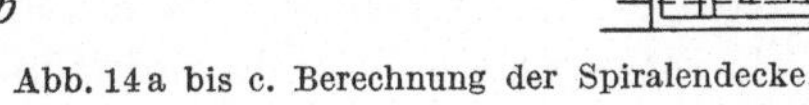

Abb. 14a bis c. Berechnung der Spiralendecke.

der Balkenkonstruktion des Einlaufes verlängern, um etwaige Momente senkrecht zur Tragrichtung der Träger C und D aufzunehmen. Die Zwickel zwischen den Streifen A, B, C, D werden wieder als elastisch eingespannte Träger und Konsolen wirken und müssen dementsprechend armiert werden. Man wird also vor allem unten eine Diagonalbewehrung einlegen, die ziemlich weit in die Streifen A, B, C und D eingreift und in der Wirkungszone der Maschinenlasten in engerem Abstand zu verlegen ist. In entsprechender Weise kann die Berechnung der Streifen C und D erfolgen.

Wie man sieht, läuft diese Berechnungsmethode darauf hinaus, unten eine kreuzweise Bewehrung zu schaffen, die zweifellos gut geeignet ist, eine Rißbildung zu verhindern, welche unter allen Umständen nicht eintreten darf. Ein gutes Mittel, um dieses zu sichern, ist außer einem festen und dichten Beton eine entsprechend angeordnete kreuzweise Bewehrung. Diese kann eine um so größere Rolle spielen, als die einzelnen Kraftübertragungen nie ganz einwandfrei festzustellen sind und jeder Teil außer den einwandfrei zu erfassenden Kräften in irgendeinem Betriebszustand der Anlage unvorhergesehene Kräfte übertragen bekommen kann. Aus diesem Grunde wird man bemüht sein, die Bewehrung so anzuordnen, daß eine weitgehende Lastverteilung gesichert ist.

Da die Spiralendecke auf den Wandungen nicht frei aufliegt, sondern durch Eiseneinlagen mit ihnen fest verbunden ist, schon um den aufwärts gerichteten Wasserdruck übertragen zu können, so ist eine gewisse elastische Einspannung dortselbst anzunehmen. Das gleiche gilt in bezug auf die Verbindung mit der Balkenkonstruktion des Einlaufs. Daher wird die Deckenscheibe auch noch durch Kragwirkung die Lasten übertragen, und es ist dementsprechend eine obere radial verlaufende Konsolbewehrung einzulegen, die sich also strahlenförmig gegen einen inneren Bewehrungsring richtet, sowie die Deckenöffnung gegen Zugrisse durch eine nicht zu knapp bemessene Ringbewehrung zu sichern.

Die eventuell auf die Decke entfallenden Binderstützen des Hallenaufbaues werden meist durch besondere Eisenbeton- oder Eisenträger abgefangen. Ragen die Zwischenpfeiler der Einlaufkonstruktion als senkrechte Trennwände in die Spirale hinein, so ist die Zerlegung der Deckenplatte in Streifen selbstredend entsprechend den hierdurch bedingten Auflagerungsverhältnissen vorzunehmen.

In einzelnen Fällen kann die zur Verfügung stehende Bauhöhe nicht ausreichen, um eine normale mit Rundeisen armierte Eisenbetonkonstruktion anzuordnen. In diesem Falle kann durch eine Melanträgerkonstruktion die Lastübertragung erfolgen. Wie aus Abb. 14b hervorgeht, werden hier die Hauptlasten durch einbetonierte Gitterwerksträger (Melanträger) aufgenommen und weitergeleitet. Um zu starke lokale Druckspannungen zu vermeiden, wird man an den Auflagern lastverteilende Eiseneinlagen sowie u. U. eine darunterliegende Spiralbewehrung vorsehen. Bei niedrigem Gefälle und dementsprechend geringen, auf die Spiralendecke einwirkenden Wasserdrücken kann man auch die Lasten durch Eisenbetonrippen mit oben und unten durchlaufender Platte abfangen, wie dies schon bei der Ljusfors-Anlage in Schweden ausgeführt worden ist (Abb. 14c).

Die statische Berechnung und Dimensionierung der gekrümmten Wandungen des Spiralgehäuses hängt von den örtlichen Verhältnissen und von der Grundrißlösung des Krafthauses ab. Oft wird man dem unterwasserseitigen Teil im Grundriß eine gekrümmte Form geben, um statisch einfache Verhältnisse zu schaffen. Die Wand bildet dann einen Teil einer Zylinderschale. Da die Wand mit der Spiralendecke und dem Unterbau verbunden ist, so kann sie je nach den Verhältnissen als ganz oder teilweise in diese Bauteile eingespannt betrachtet werden. Unter Berücksichtigung dieser Einspannungsverhältnisse wird man der Spiralwand eine Hauptbewehrung im vertikalen Sinne geben. Außerdem muß selbstredend noch eine Ringbewehrung angeordnet werden, die einerseits die Rolle von Verteilungseisen spielt, andrerseits die Zugkräfte aus der Behälterwirkung zu übernehmen hat.

Bei größeren Wasserkraftanlagen würde eine Unterstützung des Maschinenhausbodens am äußeren Umfang der Spirale allein nicht genügen, um die schweren Lasten auf den Unterbau zu übertragen. Es würden sich in diesem Falle nicht nur unwirtschaftlich große Deckenstärken und hohe Bewehrungsprozentsätze der Betonquerschnitte ergeben, sondern auch ungünstige Verhältnisse für den Kraftfluß und den Spannungsverlauf innerhalb der Konstruktion. Es werden daher noch besondere Stützpunkte um den festen Leitapparat im Innern der Spirale angeordnet, um eine direkte Übertragung der schweren Maschinengewichte sowie eines Teiles vom Deckeneigengewicht mit Auflast zu ermöglichen.

Diese Stützen, die den größten Teil der Maschinengewichte ohne Inanspruchnahme der Deckenplatte auf den Unterbau übertragen und andrerseits als Zuganker gegen den von unten nach oben auf die Spiralendecke wirkenden Wasserdruck dienen, werden zwecks Verminderung des Querschnitts stets in Stahl ausgeführt. Sie erhalten in den meisten Fällen eine tragflügelähnliche Form, um die Strömungswiderstände zu verringern und das zuströmende Wasser möglichst gleichförmig der Turbine zuzuführen. Gewöhnlich werden diese Stützschaufeln in Verbindung mit einem oberen und unteren Einbauring aus Gußstahl verwendet und bilden so den festen Leitapparat der Turbine. Der obere und untere Stützschaufelring schützen auch den Beton der scharfgekrümmten Wandflächen bei der dort herrschenden großen Geschwindigkeit vor schädlichen Einwirkungen. Neuerdings verzichtet man besonders in Amerika aus wirtschaftlichen Gründen bei ganz großen Aggregaten auch auf diese gußstählernen Stützschaufelringe und erreicht eine Einschränkung der Kosten für den baulichen Teil durch die Verwendung von einzelnen stützschaufelähnlichen Säulen, deren Enden verbreitert und mit besonderen Rippen versehen sind, um eine gute Kraftübertragung zu sichern. Am oberen Ende sind sie oft mit Ohren versehen, um die gußeiserne Schachtpanzerung zu tragen, bevor der Beton aufgebracht wird. Sie werden gleichzeitig mit der Schalung versetzt und sind sorgfältig mit langen Bolzen zu verankern. Diese neue Bauart bringt zweifellos eine erhebliche Ersparnis an Material- und Werkstattkosten, trotzdem wird mit Rücksicht auf die höheren Montagekosten dieselbe in der Hauptsache bei ganz großen Aggregaten angebracht sein.

Entsprechend den Lagerungsbedingungen der Spiralendecke, einerseits am Umfang der Turbinenöffnung, andrerseits auf der im Grundriß gekrümmten äußeren Wandung der Spirale, wird man die Hauptarmierung der Deckenplatte radial verlaufend einlegen. Man kann zur Durchführung der statischen Berechnung sich das Spiralgehäuse durch Trennschnitte in einzelne der Berechnung zugängliche Teile zerlegt denken, etwa so, daß man durch einen Querschnitt den an die Einlaufkonstruktion unmittelbar anschließenden Teil für sich betrachtet und den gekrümmten Teil durch Radialschnitte in einzelne Sektoren zerlegt.

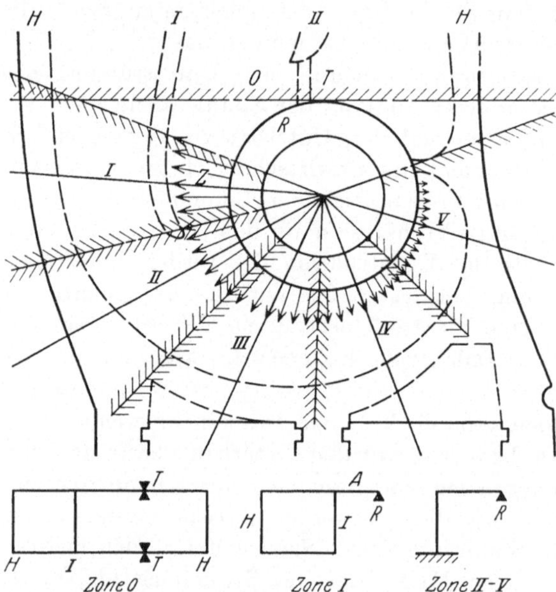

Abb. 15. Kraftwerk Ryburg-Schwörstadt. Berechnung der Spiralendecke.

In dem in Abb. 15 mit Zone O bezeichneten Abschnitt bilden eigentlich Decke, Sohle und Pfeiler zusammen ein Rahmensystem mit durchlaufendem Riegel und durchlaufender Sohle, zwei Endstielen und einem Zwischenstiel. Man wird bei vorliegenden Verhältnissen innerhalb der Plattenkonstruktion durch Anordnung einer entsprechenden Bewehrung einen Träger T schaffen, der eine weitere Stützung des Rahmenriegels und der Sohle bildet.

Es hätte jedoch wenig Zweck, eine exakte Berechnung nach der Rahmentheorie durchzuführen, da die elastischen Verhältnisse des Systems stark von den angrenzenden Bauteilen, wie Einlauf, Hallenaufbau, Saugrohrrückwand u. a. beeinflußt werden. Es genügt vielmehr vollkommen, wenn für die Berechnung die Platte als durchlaufender Träger aufgefaßt wird. In diesem Falle ergibt sich eine von Pfeiler zu Pfeiler verlaufende Hauptbewehrung. Selbstredend ist dem

Anschluß an die übrigen Teile besondere Aufmerksamkeit zu schenken. In dieser Hinsicht ergeben sich aber keine Schwierigkeiten, da vom O.W nach U.W. verlaufende Eisen schon aus anderen Gründen einzulegen sind.

Auch in den durch Radialschnitte abgetrennten Sektoren bilden Decke, Wandung und u. U. Zwischenpfeiler und Sohle Rahmensysteme (Abb. 15). Der Stiel des Rahmens kann hierbei als in den Unterbau fest eingespannt betrachtet werden, für den Riegel kann gelenkige Lagerung am festen Leitrad der Turbine angenommen werden. Aber auch hier wird man trotz wesentlich einfacherer Verhältnisse auf die Anwendung der genauen Rahmentheorie im allgemeinen verzichten, da die Rahmenwirkung durch den gekrümmten Grundriß der Spiralenwandung stark beeinflußt wird. Die Krümmung behindert die elastischen Deformationen, die eintreten würden, wenn sehr schmale Sektoren ohne gegenseitige Verbindung vorhanden wären. Es genügt daher, auch für diese Abschnitte die Spiralenwandung als einen Träger aufzufassen, der sowohl in den Unterbau bzw. Sohle, als auch in die Deckenplatte fest oder elastisch eingespannt ist. In genau gleicher Weise würde man auch die Deckenplatte als einen beiderseitig elastisch eingespannten Träger berechnen. Bei dieser statischen Auffassung würde man einen Momentenverlauf erhalten, der der Berechnung nach der genauen Rahmentheorie entspricht, aber einen wesentlich geringeren Zeitaufwand erfordert. Bei der Bemessung der Eisenbetonkonstruktionen der Einlaufspirale des Kraftwerkes Lilla Edet in Schweden ist man in ähnlicher Weise vorgegangen.

Der auf die Spiralenwandung wirkende horizontale Wasserdruck wird zum Teil auf die Spiralendecke übertragen. Diese Zugkräfte, die in die Rahmenriegel hineingeleitet werden, folgen in den meisten Fällen einem Gesetz, das in Abb. 15 angedeutet ist, da die Rahmenhöhe sich dauernd vermindert. Die Summe aller dieser Kräfte ist nicht gleich Null, daher halten sie sich nicht selbst das Gleichgewicht, und es sind besondere konstruktive Maßnahmen zur Überleitung dieser Kräfte in das Fundament vorzusehen.

Da die Zugkräfte die Tendenz haben, den Ring R aufzureißen, so ist die Deckenöffnung durch eine Ringbewehrung zu sichern, außerdem sind besondere Eisen einzulegen, um die Kräfte in die Pfeiler hinüberzuleiten. Auch die in der Deckenscheibe befindlichen Verteilungseisen werden an dieser Aufgabe teilnehmen, so daß ein Teil der Kräfte innerhalb der Scheibe seinen Ausgleich finden wird.

Andrerseits bildet aber die Wandung der Einlaufspirale wegen ihrer im Grundriß gekrümmten Form einen Teil einer Zylinderschale, die unten und oben fest oder elastisch eingespannt ist. Die Einlaufspirale wirkt also auch wie ein mit Wasser gefüllter und unter Wasserdruck stehender Behälter, und die dabei entstehenden Ringzugkräfte übertragen einen Teil des auf die Wandungen entfallenden Wasserdruckes auf die Hauptpfeiler bzw. das Betonmassiv zwischen den einzelnen Aggregaten. Die Wandung kann hierbei in einzelne Streifen eingeteilt werden, wobei jeder dieser Streifen als Teil einer Behälterwand mit kreisförmigem Grundriß angesehen werden kann. Die Radien dieser gedachten Behälter entsprechen jedesmal dem Krümmungsradius der betrachteten Stelle der Spiralenwandung. Die Behälterdecke ist mit einer der Turbinenöffnung entsprechenden Aussparung zu denken.

Es ist klar, daß man diese Berechnungsmethode nicht für jeden einzelnen Sektor anwenden wird, da dieses einen unnötig großen Zeitaufwand erfordern würde, welcher in Anbetracht der Voraussetzungen nicht gerechtfertigt ist. Es genügt vielmehr vollkommen, wenn man dazu einen Abschnitt herausgreift, für den mittlere Verhältnisse vorliegen. Die auf Grund der durchgeführten Berechnung für diesen Abschnitt ermittelten Ringkräfte und Momente wird man sinngemäß auch bei den übrigen Teilen verwenden unter entsprechender Berücksichtigung der dort vorliegenden Verhältnisse. Es sei an dieser Stelle noch erwähnt, daß auch bei den Turbinen offener Aufstellung von ähnlichen Konstruktionsprinzipien Gebrauch gemacht worden ist. Eine Anordnung, die eine vielseitige Anwendungsmöglichkeit hat, ist vom Vattenbyggnadsbyrån, Stockholm, ausgebildet worden (Abb. 16)[1]. Die Grundform ist hierbei aus statischen Überlegungen hervorgegangen: Seitenwände und Vordergrund der Kammer sind im Grundriß als Rahmen mit Fußgelenken und Zugband betrachtet. Um dabei ein für die Rückwand günstiges Kräftespiel zu erhalten, wird diese als Zylinder über einem Kreise gebildet, der durch die Fußpunkte hindurchgeht. Hierbei wird die Rückwand in waagerechter Ebene vornehmlich auf reinen Zug, ohne Biegung, beansprucht. Selbstverständlich wird auch hier neben der Kraftübertragung in waagerechter Ebene eine Einspannung im Unterbau vorhanden sein, die durch eine entsprechende Bewehrung zu berücksichtigen ist.

Es dürfte für die Ermittlung des Spannungszustandes in den Spiralenwandungen vielleicht nicht unangebracht sein, an Stelle der vielfach angewandten Behälterberechnung nach Müller-Breslau auch hier schon

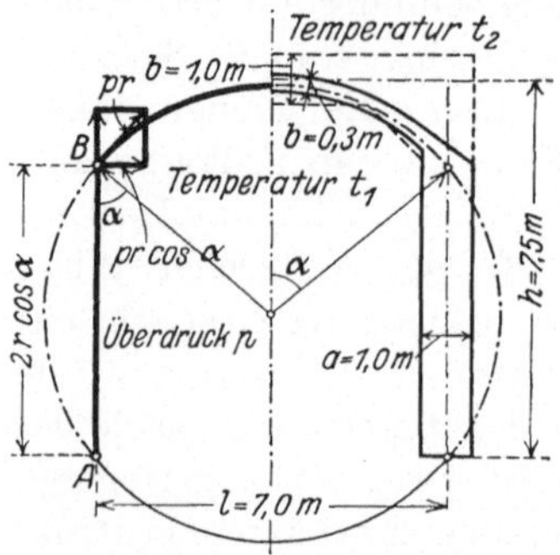

Abb. 16. Eisenbetonturbinenkammer. Konstruktion des Vattenbyggnadsbyrån, Systemskizze. (Hellström.)[1]

[1] Ludin: Die nordischen Wasserkräfte. Berlin: Julius Springer 1930.

auf den Ergebnissen der modernen Schalentheorie aufzubauen, welche ja bekanntlich gegenüber der rein statischen Betrachtung einen tieferen Einblick in den Spannungs- und Formänderungszustand gewährt. Die Lösung des behandelten Problems ist in einer Form gegeben, die ohne weiteres eine rechnerische Verwertung gestattet.

Es dürfte sich bei größeren Anlagen wohl empfehlen, von dieser Berechnungsmethode Gebrauch zu machen, da sie in Verbindung mit dem Vorhergehenden ein gutes Bild von dem tatsächlich auftretenden Spannungszustand gibt. Man erhält dadurch nicht nur die Möglichkeit, die Bewehrung zweckmäßig anzuordnen, sondern ist auch in der Lage, sparsamer und wirtschaftlicher zu konstruieren. Es kann dabei der oft gemachte Fehler vermieden werden, wegen Unübersichtlichkeit des Spannungsverlaufs innerhalb der Konstruktion, die Querschnitte stark überzudimensionieren. Dieses führt u. U. zu einer starken Häufung von Eiseneinlagen an einzelnen Stellen, welche dann in ungünstigem Sinne nicht nur auf den Spannungsverlauf einwirken, sondern auch die Rißbildung fördern können, die ja gerade hier vermieden werden soll.

3. Die Kreiszylinderschale mit lotrechter Achse[1].

Hierbei wurde der von außen nach innen wirkende Wasserdruck als positiv eingeführt. Das Pluszeichen in der Klammer gilt für den Fall des äußeren Druckes, das Minuszeichen für den Fall, daß die Zy-

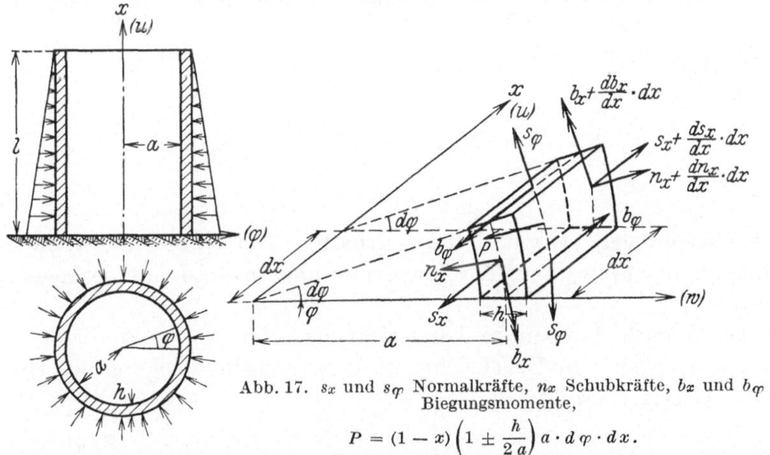

Abb. 17. s_x und s_φ Normalkräfte, n_x Schubkräfte, b_x und b_φ Biegungsmomente,

$$P = (1 - x)\left(1 \pm \frac{h}{2\,a}\right) a \cdot d\varphi \cdot dx.$$

linderschale von innen durch Wasserdruck beansprucht wird. Bei der Berechnung der Wandungen der Einlaufspirale wirkt der Wasserdruck

---

[1] Es konnte darauf verzichtet werden, die grundlegenden Beziehungen in ihren Einzelheiten herzuleiten, da gerade die Kreiszylinderschale eine eingehende Behandlung erfahren hat, allerdings meist auf der Grundlage des bekannten Buches von Love: Treatise on the mathematical theory of elasticity. 4. Aufl. 1927. Vgl. z. B. E. Schwerin: Z. ang. Math. Mech. 2 (1922).

von innen nach außen, es können selbstverständlich sämtliche Gleichungen benutzt werden, nur sind bei den ermittelten Kräften die Vorzeichen zu wechseln. Die Einführung des von außen nach innen wirkenden Druckes erfolgt mit Rücksicht auf spätere Betrachtungen, die an
die im folgenden entwickelten Gleichungen anknüpfen. Die Normalkräfte s_x und s_φ beziehen sich auf die Breite h; die zugehörigen Spannungen σ ergeben sich durch Division durch h. Das gleiche gilt für die
Schubkraft n_x.

Die Biegungsmomente b_x und b_φ ergeben die Spannungen

$$\sigma_{b_x} = \frac{6 \cdot b_x}{h^2}; \quad \sigma_{b_\varphi} = \frac{6 \cdot b_\varphi}{h^2}.$$

Die Gleichgewichtsbedingungen führen zu folgenden Gleichungen:

$$\frac{d s_x}{d x} \cdot d x \cdot a \cdot d \varphi = 0; \quad s_x = \text{constans in unserem Falle } s_x = 0,$$

$$s_\varphi \cdot d\varphi \cdot dx - \frac{d n_x}{d x} \cdot dx \cdot a \cdot d\varphi + (1 - x)\left(1 + \frac{h}{2a}\right) a \cdot d\varphi \cdot dx = 0,$$

$$s_\varphi - \frac{d n_x}{d x} \cdot a + (1 - x)\left(1 + \frac{h}{2a}\right) \cdot a = 0, \tag{1}$$

$$n_x \cdot dx \cdot a \cdot d\varphi - \frac{d b_x}{d x} \cdot dx \cdot a \cdot d\varphi = 0; \quad n_x = \frac{d b_x}{d x}. \tag{2}$$

Es sei an Stelle x die dimensionslose Veränderliche $\xi = \dfrac{x}{a}$ eingeführt.
Damit lauten die Gleichungen (1) und (2), wenn für $\dfrac{d f}{d \xi} = f'$ gesetzt
wird:

$$s_\varphi - n'_x + (1 - x)\left(1 + \frac{h}{2a}\right) a = 0, \tag{1a}$$

$$a\, n_x = b'_x. \tag{2a}$$

Die Gleichungen (1a) und (2a) enthalten drei Unbekannte. Zu ihrer
Bestimmung muß daher der Formänderungszustand mit herangezogen
werden.

Die Verschiebungen in Längsrichtung seien $u_{(\xi)}$; in radialer Richtung $w_{(\xi)}$, positiv in Druckrichtung. Unter Zugrundelegung des Hookeschen Gesetzes ergibt sich

$$a \cdot \varepsilon_x = u'; \quad (3) \qquad s_x = \frac{12\,D}{h^2}(\varepsilon_x + \nu\,\varepsilon_\varphi); \quad (7) \qquad D = \frac{E \cdot h^3}{12\,(1 - \nu^2)} \quad (11)$$

$$a \cdot \varepsilon_\varphi = w; \quad (4) \qquad s_\varphi = \frac{12\,D}{h^2}(\varepsilon_\varphi + \nu\,\varepsilon_x); \quad (8) \qquad \nu = \frac{1}{m} \quad (12)$$

$$a^2 \varkappa_x = w''; \quad (5) \qquad b_x = -D\varkappa_x + s_x \frac{h^2}{12\,a}; \quad (9)$$

$$a^2 \varkappa_\varphi = 0; \quad (6) \qquad b_\varphi = -D \cdot \nu \cdot \varkappa_x \quad (10);$$

Aus den Gleichungen (9) und (10) folgt mit $s_x = 0$:

$$b_\varphi = v \cdot b_x. \qquad (13)$$

Mit $s_x = 0$ folgt aus (7):

$$\varepsilon_x + v \cdot \varepsilon_\varphi = 0; \qquad \varepsilon_x = - v \cdot \varepsilon_\varphi.$$

Wird diese Gleichung in (3) eingeführt, ergibt sich mit Rücksicht auf (4)

$$u' = - v \cdot w,$$
$$u = - v \cdot \int w \, dx + C. \qquad (14)$$

Ferner ergibt sich:

$$s_\varphi = \frac{12\,D}{h^2} \left(\varepsilon_\varphi - v^2 \cdot \varepsilon_\varphi \right) = \frac{12\,D}{h^2} \left(1 - v^2 \right) \varepsilon_\varphi = \frac{12\,D}{a \cdot h^2} \left(1 - v^2 \right) w,$$

$$s_\varphi = \frac{12\,D}{a \cdot h^2} \left(1 - v^2 \right) w. \qquad (15)$$

Aus (5) und (9) folgt:

$$b_x = - \frac{D}{a^2} \cdot w''_\xi. \qquad (16)$$

Differentiiert man (2a) einmal nach ξ und führt die neue Gleichung in (1a) ein, so erhält man:

$$s_\varphi - \frac{b''_x}{a} + (1 - x) \left(1 + \frac{h}{2a} \right) a = 0. \qquad (17)$$

Setzt man noch s_φ und b_x aus (15) und (16) ein, so ergibt sich die folgende Differentialgleichung für w:

$$\frac{12\,D}{a \cdot h^2} \left(1 - v^2 \right) w_\xi + \frac{D}{a^3} \cdot w''''_\xi + (1 - \xi a) \left(1 + \frac{h}{2a} \right) a = 0. \qquad (18)$$

Für diese Gleichung existiert bekanntlich eine strenge mathematische Lösung. ξ lief von $\xi = 0$ bis $\xi = \dfrac{1}{a}$. Es soll eine neue Veränderliche λ substituiert werden durch die Gleichung

$$\lambda = \xi \cdot \frac{a}{l} \cdot \pi. \qquad (19)$$

Läuft ξ von 0 bis $\dfrac{1}{a}$, erhält man λ zwischen 0 und π. Es ist:

$$w'_\xi = w'_\lambda \cdot \frac{d\lambda}{d\xi} = \frac{a}{l} \cdot \pi \cdot w'_\lambda;$$

$$w''''_\xi = w''''_\lambda \cdot \left(\frac{d\lambda}{d\xi} \right)^4 = \frac{a^4 \pi^4}{l^4} \cdot w''''_\lambda.$$

Führt man die neue Veränderliche in (18) ein, so ergibt sich:

$$\frac{12\,D}{a \cdot h^2} \left(1 - v^2 \right) w_\lambda + \frac{D}{a^3} \frac{a^4 \pi^4}{l^4} w''''_\lambda + 1 \left(1 - \frac{\lambda}{\pi} \right) \left(1 + \frac{h}{2a} \right) a = 0. \qquad (20)$$

Nun werde (20) noch mit $\dfrac{l^4}{D \cdot a \cdot \pi^4}$ multipliziert:

$$w_\lambda'''' + \frac{12\,(1-v^2)}{\pi^4} \cdot \frac{l^4}{a^2 h^2}\, w_\lambda = -l^5 \left(1 - \frac{\lambda}{\pi}\right) \frac{1 + \dfrac{h}{2a}}{D \cdot \pi^4}. \qquad (21)$$

Es soll zuerst die homogene Gleichung gelöst werden:

$$w_\lambda'''' + K \cdot w_\lambda = 0, \quad \text{wobei} \quad K = \frac{12\,(1-v^2)}{\pi^4} \cdot \frac{l^4}{a^2 h^2},$$

$$w_\lambda = e^{\alpha\lambda}; \quad \alpha^4 e^{\alpha\lambda} + K \cdot e^{\alpha\lambda} = 0; \quad \alpha^4 + K = 0; \quad \alpha = \sqrt[4]{-K};$$

$$\alpha = \sqrt[4]{K} \cdot \sqrt[4]{-1},$$

$$[r\,(\cos\varphi + i \cdot \sin\varphi)]^{\frac{1}{4}} = \left[\cos\frac{1}{4}\varphi + i \cdot \sin\frac{1}{4}\varphi\right] \cdot r^{\frac{1}{4}},$$

$$A + Bi = r\,(\cos\varphi + i \cdot \sin\varphi) = -1, \quad r = +1, \quad \varphi = \pi, 3\pi, 5\pi \ldots$$

$$\sqrt[4]{-1} = \cos\frac{\pi}{4} + i \cdot \sin\frac{\pi}{4} = \frac{1}{2}\sqrt{2}\,(1 + i)$$

$$= \cos\frac{3\pi}{4} + i \cdot \sin\frac{3\pi}{4} = \frac{1}{2}\sqrt{2}\,(-1 + i)$$

$$= \cos\frac{5\pi}{4} + i \cdot \sin\frac{5\pi}{4} = \frac{1}{2}\sqrt{2}\,(-1 - i)$$

$$= \cos\frac{7\pi}{4} + i \cdot \sin\frac{7\pi}{4} = \frac{1}{2}\sqrt{2}\,(1 - i)$$

$$w = C_1 \cdot e^{\frac{1}{2}\sqrt{2}\,\sqrt[4]{K}\,(1+i)\lambda} + C_2 \cdot e^{\frac{1}{2}\sqrt{2}\,\sqrt[4]{K}\,(-1+i)\lambda} + C_3 \cdot e^{\frac{1}{2}\sqrt{2}\,\sqrt[4]{K}\,(-1-i)\lambda}$$

$$+ C_4 \cdot e^{\frac{1}{2}\sqrt{2}\,\sqrt[4]{K}\,(1-i)\lambda}.$$

Nun ist aber

$$(e^{i\lambda} + e^{-i\lambda})\frac{1}{2} = \cos\lambda,$$

$$(e^{i\lambda} - e^{-i\lambda})\frac{1}{2} = i \cdot \sin\lambda.$$

Folglich kann man setzen:

$$C_1 \cdot e^{\frac{1}{2}\sqrt{2}\,\sqrt[4]{K}\,(1+i)\lambda} + C_4 \cdot e^{\frac{1}{2}\sqrt{2}\,\sqrt[4]{K}\,(1-i)\lambda}$$

$$= e^{\frac{1}{2}\sqrt{2}\,\sqrt[4]{K}\,\lambda}\left[C_1 \cdot e^{\frac{1}{2}\sqrt{2}\,\sqrt[4]{K}\cdot i\lambda} + C_4 \cdot e^{-\frac{1}{2}\sqrt{2}\,\sqrt[4]{K}\cdot i\lambda}\right]$$

$$= e^{\frac{1}{2}\sqrt{2}\,\sqrt[4]{K}\cdot\lambda}\left[\frac{1}{2}\,(C_1 + C_4)\left(e^{\frac{1}{2}\sqrt{2}\,\sqrt[4]{K}\cdot i\lambda} + e^{-\frac{1}{2}\sqrt{2}\,\sqrt[4]{K}\cdot i\lambda}\right)\right.$$

$$\left. + \frac{1}{2}\,(C_1 - C_4)\left(e^{\frac{1}{2}\sqrt{2}\,\sqrt[4]{K}\cdot i\lambda} - e^{-\frac{1}{2}\sqrt{2}\,\sqrt[4]{K}\cdot i\lambda}\right)\right]$$

$$= e^{\frac{1}{2}\sqrt{2}\,\sqrt[4]{K}\cdot\lambda}\left[K_1 \cos\frac{1}{2}\sqrt{2}\cdot\sqrt[4]{K}\cdot\lambda + K_2 \sin\frac{1}{2}\sqrt{2}\,\sqrt[4]{K}\cdot\lambda\right].$$

Und in völlig analoger Weise:

$$C_2 \cdot e^{\frac{1}{2}\sqrt{2}\,\sqrt[4]{K}\,(-1+i)\lambda} + C_3 \cdot e^{\frac{1}{2}\sqrt{2}\,\sqrt[4]{K}\,(-1-i)\lambda}$$

$$= e^{-\frac{1}{2}\sqrt{2}\,\sqrt[4]{K}\cdot\lambda}\left[K_3\cos\frac{1}{2}\sqrt{2}\,\sqrt[4]{K}\cdot\lambda + K_4\sin\frac{1}{2}\sqrt{2}\,\sqrt[4]{K}\cdot\lambda\right].$$

Insgesamt ergibt sich:

$$w_\lambda = e^{\frac{1}{2}\sqrt{2}\,\sqrt[4]{K}\cdot\lambda}\left[K_1\cos\frac{1}{2}\sqrt{2}\,\sqrt[4]{K}\cdot\lambda + K_2\sin\frac{1}{2}\sqrt{2}\,\sqrt[4]{K}\,\lambda\right]$$

$$+ e^{-\frac{1}{2}\sqrt{2}\,\sqrt[4]{K}\cdot\lambda}\left[K_3\cos\frac{1}{2}\sqrt{2}\,\sqrt[4]{K}\cdot\lambda + K_4\sin\frac{1}{2}\sqrt{2}\,\sqrt[4]{K}\cdot\lambda\right]. \quad (22)$$

Ein partikuläres Integral der nicht homogenen Gleichung (21) ist:

$$w_\lambda = -1\cdot a^2 h^2\left(1-\frac{\lambda}{\pi}\right)\frac{1+\dfrac{h}{2a}}{12\,D\,(1-\nu^2)}.$$

Man erhält damit für das allgemeine Integral:

$$w_\lambda = -1\,a^2 h^2\left(1-\frac{\lambda}{\pi}\right)\frac{1+\dfrac{h}{2a}}{12\,D\,(1-\nu^2)} + K_1 e^{\omega\lambda}\cdot\cos\omega\lambda$$

$$+ K_2 e^{\omega\lambda}\cdot\sin\omega\lambda + K_3 e^{-\omega\lambda}\cdot\cos\omega\lambda + K_4 e^{-\omega\lambda}\cdot\sin\omega\lambda, \quad (23)$$

wobei

$$\omega = \frac{1}{2}\sqrt{2}\,\sqrt[4]{K} = \frac{1}{2}\sqrt{2}\,\sqrt[4]{\frac{12\,(1-\nu^2)\,l^4}{\pi^4 a^2 h^2}} = \frac{1}{\sqrt{ah}}\cdot\frac{\sqrt[4]{3\,(1-\nu^2)}}{\pi}$$

$$\omega = \frac{1}{\pi\sqrt{ah}}\cdot\sqrt[4]{3\,(1-\nu^2)}.$$

Die Konstanten K_1, K_2, K_3 und K_4 sind so zu bestimmen, daß den vorgeschriebenen Randbedingungen Genüge geleistet wird.

In den meisten Fällen kann an der Sohle feste Einspannung angenommen werden. Es ist dann an der Stelle $\lambda = 0$ sowohl $w_\lambda = 0$ als auch die Tangentenneigung $w'_\lambda = 0$. Für den oberen Rand wird entweder feste oder elastische Einspannung angenommen, so daß z. B. dann die Durchbiegung $w_\lambda = 0$ und die Tangentenneigung dem dort herrschenden Biegungsmoment proportional ist. Man erhält auf diese Weise vier Bestimmungsgleichungen für die Konstanten, die also ohne weitere Schwierigkeiten berechnet werden können. Es mag noch erwähnt sein, daß hier nur die Belastung durch horizontalen Wasserdruck von Bedeutung ist, da die lotrechten Lasten auf die Decke nur geringe Ringkräfte hervorrufen.

Auf eines sei noch hingewiesen: ein freistehender Behälter wird sich durch den inneren Wasserdruck deformieren, wobei der Radius sich vergrößern wird. Beim Anschluß der Spiralenwandung an die Pfeiler bzw. das Betonmassiv zwischen den Aggregaten werden die elastischen Bewegungen behindert. Dasselbe tritt auch ein bei Anordnung eines Mittelpfeilers an der Unterwasserseite. Infolge dieser Behinderung der Formänderungen werden zusätzliche Kraftwirkungen hervorgerufen, und zwar werden sich an der Innenseite der Spiralenwandung Zugspannungen, an der Außenseite Druckspannungen ergeben, die sich zu den Ringzugkräften aus der Behälterwirkung addieren. Außerdem ergeben sich noch Zugspannungen an der Innenseite infolge der Krümmung. Wenn ein Ebenbleiben der Querschnitte vorausgesetzt wird — und das tut man bekanntlich normalerweise immer —, so müssen die inneren Fasern größere Deformationen mitmachen als die äußeren, die an und für sich länger sind. Es entstehen hierdurch wiederum zusätzliche Spannungen an der Innenseite.

Man hat also an der Innenseite:

1. Ringzugkräfte aus der Behälterwirkung,
2. Zugspannungen infolge Behinderung der Formänderungen,
3. Zugspannungen infolge der Krümmung.

Die exakte rechnerische Erfassung dieser Zusatzspannungen läßt sich nicht durchführen und ist auch gar nicht notwendig. Es genügt vielmehr vollkommen, wenn man das Vorhandensein dieser Nebenspannungen bei der Anordnung der Eiseneinlagen durch konstruktive Maßnahmen entsprechend berücksichtigt.

Beim Entwurf des Krafthauses Ryburg-Schwörstadt war man bei der Berechnung bemüht, die tatsächlichen Spannungsverhältnisse möglichst genau zu erfassen. Aus diesem Grunde wurde das Spiralgehäuse einerseits durch Trennschnitte in einzelne Sektoren geteilt, die nach der Festpunktmethode als Rahmensysteme berechnet wurden, andrerseits wurde auch für einen Sektor die Berechnung der Spiralenwandung als Zylinderschale durchgeführt. Für die übrigen Sektoren wurde dann das so erhaltene Resultat sinngemäß angewandt, wobei sich die zahlenmäßige Berechnung selbst auf das System ohne Ringkräfte beschränkte. Da in Wirklichkeit eine Kombination der beiden Kräfteübertragungsmöglichkeiten vorliegen wird, so sind die Resultate beider Berechnungsarten zu berücksichtigen. Dieses geschah hier in der Weise, daß die Momentenflächen für den Rahmenstiel bzw. den Meridianschnitt der Kreiszylinderschale miteinander verglichen wurden. Daraus ergab sich das Maß der Kräfte, die den Ringeisen zuzuweisen und um welches die Rahmen zu entlasten sind. Bezeichnet man mit M_S, M_F und M_K die Biegungsmomente an der Sohle, im Felde und am oberen Rande der Spiralenwandung und deutet durch den Index R bzw. Z an, daß die Ergebnisse der Berechnung als Rahmen bzw. als Zylinderschale entstammen, so wurde der Anteil, der durch die Ringwirkung aufgenommen wird, folgendermaßen bestimmt:

$$\frac{M_{S,R} - M_{S,Z}}{M_{S,R}} \cdot 100 = a\%,$$

$$\frac{M_{F,R} - M_{F,Z}}{M_{F,R}} \cdot 100 = b\%,$$

$$\frac{M_{K,R} - M_{K,Z}}{M_{K,R}} \cdot 100 = c\%.$$

Zur Aufnahme der Zugkräfte infolge Innendruck auf die Spiralenwandungen wurde ein besonderes Bewehrungssystem in der Spiralendecke angeordnet. Wie bereits an anderer Stelle erwähnt, halten sich die Zugkräfte nicht selbst das Gleichgewicht. Die Resultierende aller dieser Kräfte muß daher durch die Scheibe nach außen übertragen werden. Für die Berechnung wurde die Annahme gemacht, daß die Resultierende auf die Hauptpfeiler und auf die unterwasserseitige Spiralenwandung übertragen wird (Abb. 18). Die Reaktionen der Pfeiler wurden in Richtung der Pfeilerachsen angenommen, die Reaktion der Spiralenwandung an der Stelle des Mittelpfeilers angreifend gedacht und in der Tangentenrichtung verlaufend.

Berücksichtigt man jedoch, daß bei der Berechnung der Spiralendecke, als einer durch Wasserdruckkräfte beanspruchten Scheibe, mehr oder minder willkürliche Annahmen für die Verteilung der Reaktionskräfte am Scheibenumfang gemacht werden

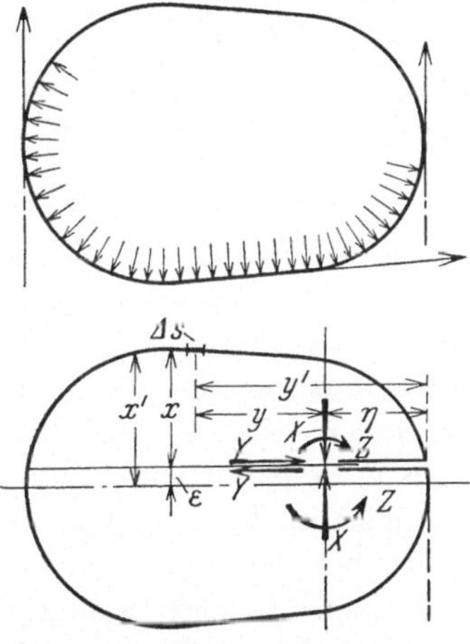

Abb. 18. Kraftwerk Ryburg-Schwörstadt. Berechnung der Spiralendecke.

den müssen, um die Scheibe einer Berechnung überhaupt zugänglich zu machen, sowie die Behinderung der Deformationen durch die angrenzenden Bauteile, so wird man von einer solchen Berechnung im allgemeinen absehen. Die Berücksichtigung der Kräftewirkung kann durch eine zweckmäßige Anordnung und Verteilung der Eiseneinlagen viel eher erreicht werden.

IV. Saugkrümmer.

1. Allgemeines und Belastungsannahmen.

Bevor der Berechnungsgang der einzelnen Teile des Saugkrümmers sowie der Spannungsverlauf innerhalb desselben einer näheren Betrachtung unterzogen wird, mögen die angreifenden äußeren Kräfte und Belastungen kurz besprochen werden.

Als äußere Kräfte kommen hierbei außer den Auflasten und dem Eigengewicht hauptsächlich der Wasserdruck und die Bodenpressung in Frage. Dar Wasserdruck kann auf das Bauwerk sowohl als Auftrieb, als Wasserauflast, wie auch als seitlich angreifende Kraft einwirken. Der letztere Fall kann z. B. eintreten bei Vorhandensein von Druckwasser in einer Trennungsfuge. Die ungünstigste Annahme in bezug auf die Größe des Auftriebs wird sein, wenn man den ganzen Auftrieb in Rechnung setzt und die Entlastung durch das fast immer vorhandene Dränagesystem vernachlässigt.

Bei der Untersuchung der Standsicherheit wird man meist das Bauwerk als starres Ganzes betrachten und die Bodenpressung unter dieser Voraussetzung berechnen. In Wirklichkeit ist dieses jedoch keineswegs der Fall, da zwischen einzelnen Bauteilen mit sehr hohem Trägheitsmoment und dementsprechend großer Steifigkeit, wie z. B. den Pfeilern, sich Tragglieder befinden, die als relativ elastisch anzusehen sind. In diesem Fall kann auch nicht erwartet werden, daß gleichmäßig verteilte Bodenpressungen in der Fundamentfuge auftreten. Es wird vielmehr infolge der elastischen Deformation der Sohlenplatte die Bodenpressung nicht überall gleich bleiben, sondern die Belastungslinie wird die Gestalt einer Kurve annehmen, welche unter den Pfeilern ihre Größtwerte aufweist. Da diese Kurve doch nicht genau zu ermitteln ist, kann man dieselbe für die Berechnung durch einen abgetreppten Linienzug ersetzen. Hierbei wird man auf Grund der örtlichen Verhältnisse gewisse Annahmen in bezug auf die Größe der auftretenden Bodenpressungen in dem verlagerten Spannungsdiagramm machen müssen. Da sich bei der Betrachtung der beiden Hauptbelastungszustände verschiedene Bodenpressungsdiagramme ergeben, wird man auch hier die beiden Grenzfälle in die Untersuchung einbeziehen müssen.

Was nun die Belastungen der Saugrohrwandungen durch inneren Wasserdruck anbetrifft, so kann man hier im allgemeinen den Saugkrümmer in drei Abschnitte teilen, die sich auch hinsichtlich des Berechnungsganges der statischen Untersuchung voneinander unterscheiden. Es sind dies: der Saugrohrhals, d. h. der obere senkrechte Teil; der anschließende Krümmer oder das Saugrohrknie, sowie der horizontale, sich nach dem Unterwasser erweiternde Teil des Saugschlauches.

Der Saugrohrhals fällt ganz in das Gebiet des Unterdruckes. Die Druckverhältnisse ändern sich hierbei so, daß unmittelbar unter dem Laufrad die größten negativen Drücke auftreten, die nach unten zu immer mehr abnehmen. Hierbei wird man zwei Belastungskurven unterscheiden, die Grenzwerte für den Unterdruck liefern:

1. bei Vollbetrieb der Turbine,
2. bei Vollbetrieb und plötzlicher Entlastung der Turbine.

Es ergeben sich in diesem Gebiet im allgemeinen die größeren Werte bei dem zweiten Belastungsfall.

In dem anschließenden Saugrohrknie können sowohl negative als auch positive Wasserdrücke auftreten. Es trifft dieses besonders in bezug auf die obere Wandung des Krümmers zu. Wird aus hydraulischen Gründen eine horizontale Zunge im Saugkrümmer angeordnet, so wird diese Saugrohrmittelwand, besonders in ihrem oberen dem Laufrad zugekehrten Teil, durch positive und negative Drücke auf Biegung beim Durchbrennen beansprucht.

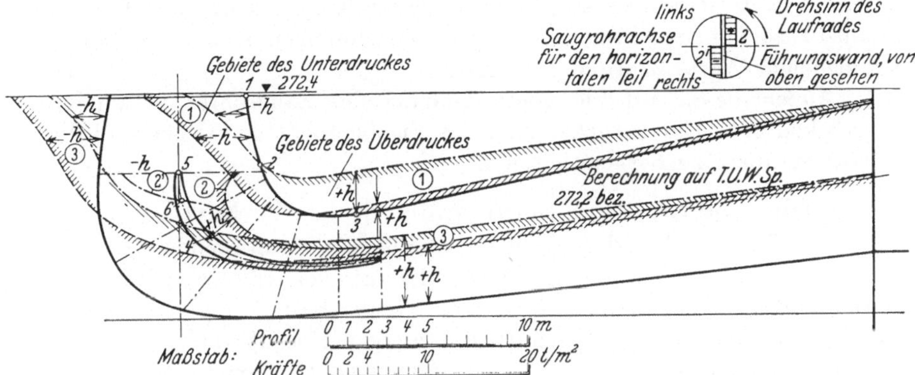

Abb. 19. Kraftwerk Ryburg-Schwörstadt. Druckkurven im Saugrohr. (Ateliers des Charmilles S. A., Genève.)

① Belastungskurven der oberen Wandung des Saugkrümmers
—·—·—·— bei Vollbetrieb der Turbine,
—— bei Vollbetrieb und plötzlicher Entlastung der Turbine.
② und ② Belastungen der Saugrohrmittelwand beim Durchbrennen.
③ Belastungskurve der unteren Wandung des Saugkrümmers
—·—·—·— bei Vollbetrieb der Turbine,
——————— bei Vollbetrieb und plötzlicher Entlastung der Turbine.

Der untere horizontale Teil des Saugrohres fällt in das Gebiet des Überdruckes. Hier ergeben sich die größeren Werte bei Vollbetrieb der Turbine.

Die Druckverhältnisse im Saugrohr werden von Fall zu Fall verschieden sein. Sie hängen ab von der gewählten Turbinenkonstruktion und den Saugrohrabmessungen. In den meisten Fällen wird man Modellversuche nicht umgehen können, um Klarheit in dieser Beziehung zu erhalten.

Auf Abb. 19[1] sind die Druckkurven im Saugrohr der Turbinen des Kraftwerkes Ryburg-Schwörstadt dargestellt. Die zugehörigen Erklärungen sind auf der Abbildung selbst angetragen. Zur weiteren Erläuterung sei hierzu noch bemerkt:

---

[1] Ateliers des Charmilles S. A., Genève.

a) Obere Leibung des Saugrohres.

Die Kurven *1* geben die resultierenden Drücke an bei einem Unterwasserspiegel auf Kote 272,20, wobei Druck mit positivem, Unterdruck mit negativem Vorzeichen angegeben sind. Für die Berechnung der Saugrohrdecke sind die maximalen und minimalen Drücke bzw. Unterdrücke zu berücksichtigen, unter Zugrundelegung eines höchsten Unterwasserspiegels auf Kote 276,60 und eines tiefsten Unterwasserspiegels auf Kote 272,00 (vgl. Abb. 7).

Die Differenz zwischen den angegebenen Wasserspiegeln und der Kote 272,20 ist sinngemäß zu den durch die Kurven gegebenen Werten hinzuzuzählen bzw. abzuziehen. Den Berechnungen sind die maximal möglichen Werte zugrunde zu legen.

Außer diesen auf die obere Leibung des Saugrohres wirkenden Drücken bzw. Unterdrücken sind das Eigengewicht der Decke und die Wasserauflast zu berücksichtigen.

b) Obere und untere Leibung der Saugrohr-Mittelwand.

Die Kurven *2* und *2'* geben ebenfalls die resultierenden Drücke an, aber im Gegensatz zu Kurve *1* unabhängig vom Unterwasserspiegel. Die Kräfte wirken stets von der Innenseite der Krümmung nach außen, mit Ausnahme der Drücke auf die Eintrittskante bei Punkt *5*, wo wegen den vorhandenen Rotationskomponenten über die Länge eines halben Durchmessers die Kräfte in entgegengesetzter Richtung wirken, gemäß dem Schema *a* und den Kurven *2* und *2'* der Abb. 19. Der resultierende statische Druck beträgt etwa 5,8 t/qm. Die Drücke verteilen sich wie folgt:

Punkte	5	6	4
Linke Wandhälfte	+ 5,8 t/qm	+ 4,2 t/qm	+ 3,4 t/qm
Rechte Wandhälfte	− 5,8 t/qm	± 0 t/qm	+ 3,4 t/qm

Zu den durch die Kurven und obigen Zahlen gegebenen Werten sind infolge der wechselnden Richtung der Drücke Zuschläge von 20% zu machen.

c) Untere Leibung des Saugrohres.

Die Kurven *3* geben wieder die resultierenden Drücke an. Es gelten die gleichen Bemerkungen wie für die obere Leibung des Saugrohres. Zwischen ober- und unterwasserseitigem Notverschluß wirkt außerdem der Auftrieb entsprechend einem Oberwasserspiegel auf Kote 284,00 und Unterwasserspiegel auf Kote 276,60.

2. Berechnung und Konstruktion der Beton- und Eisenbetonkonstruktionen des Saugkrümmers.

Die Gesamtanordnung der Anlage sowie die Formgebung der Wasserwege werden hauptsächlich von hydraulischen Gesichtspunkten beeinflußt. Die statische Berechnung und Bewehrung der Beton- und Eisenbetonkonstruktionen, die den Saugkrümmer bilden, werden sich daher auch nach dieser Gesamtanordnung, ferner nach den Abmessungen der Saugschläuche, dem Aggregatabstand usw. richten. Außerdem ist es besonders für die Berechnung der Saugrohrsohle von großer Wichtigkeit, ob ein Auftrieb in die Berechnung einzuführen ist oder nicht. Diese Frage kann selbstverständlich nicht allgemein entschieden werden, denn sie hängt ganz von den örtlichen Verhältnissen sowie von den getroffenen konstruktiven Maßnahmen ab.

Beim Kraftwerk Lilla Edet (Abb. 4) wurde die Bodenplatte der Einlaufkammer bis zu dem Inspektionsgang unter den Saugrohren für vollen Auftrieb berechnet, während die Berechnung und Konstruktion der Saugrohrsohle ohne Berücksichtigung des Auftriebes erfolgte im Hinblick auf die darunter liegende Dränage.

Beim Bau des Kraftwerkes Mühleberg der B.K.W.[1] (Abb. 20) wurden im Unterbau des Maschinenhauses 12 Sparräume angeordnet, nicht nur um Beton zu sparen, sondern in der Hauptsache, um den Auftrieb auf das ganze Bauwerk auf ein unbedeutendes zu vermindern. Der Scheitel der Spargewölbe unter den Umformern und von dort gegen das linke Ufer konnte wesentlich über dem höchsten Unterwasserstand gewählt werden, so daß man diese Sparräume zur Ableitung des Sickerwassers einfach mit dem Unterwasser verbinden konnte. Bei den Spargewölben unter den Turbineneinläufen dagegen muß künstlich entwässert werden. Sie werden mittels zweier, im Pumpenkanal fahrbar aufgestellter Zentrifugalpumpen von Zeit zu Zeit entleert.

Die Durchsickerungen haben sich als sehr gering erwiesen. Das meiste Sickerwasser dringt vom Unterwasser her ein. In den ersten Jahren (1921) schwankte die Sickermenge je nach dem Unterwasserstand für alle acht Spargewölbe zwischen insgesamt 0,61 und 0,28 ltr/sec, während sie vier Jahre später bereits auf 0,37 bei 0,15 ltr/sec zurückgegangen war.

Was nun den Gang der eigentlichen Berechnung anbetrifft, so kann man, wie schon erwähnt, den Saugkrümmer in drei Abschnitte teilen:

1. den Saugrohrhals,
2. das daran anschließende Saugrohrknie,
3. den unteren horizontalen Teil des Saugschlauches.

Der Saugrohrhals sowie das anschließende Saugrohrknie sind wegen ihrer Form am wenigsten einer exakten Berechnung zugänglich. Da die bauliche Ausgestaltung von Fall zu Fall verschieden ist, so können keine allgemeingültigen Regeln für die statische Berechnung aufgestellt werden. Man wird vielmehr die Bewehrung hauptsächlich nach kon-

---

[1] Schweiz. Bauzg. **1926**, Nr 22.

struktiven Gesichtspunkten anordnen unter Beachtung des mutmaßlichen Spannungsverlaufes innerhalb der Konstruktion.

Da der Saugrohrhals zugleich die innere Spiralenwandung bildet,
so addiert sich zum innen herrschenden Unterdruck der vom Wasser
in der Spirale herrührende Außendruck, der ja gerade in diesem Gebiet
seine größten Werte aufweist. Außerdem wirken in senkrechter Rich-

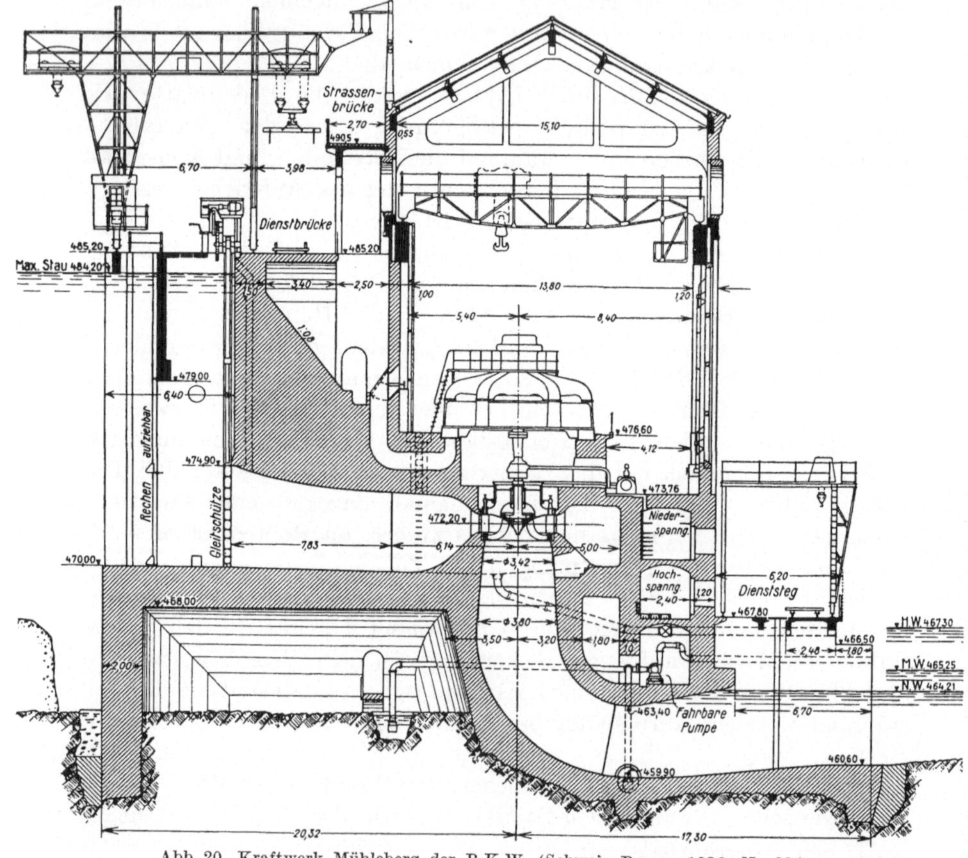

Abb. 20. Kraftwerk Mühleberg der B.K.W. (Schweiz. Bauzg. 1926, Nr. 22.)

tung das Eigengewicht nebst dem Gewicht der festen Teile der Turbine sowie je nach der Bauart die von oben vermittels der Stützschaufeln übertragenen Maschinenlasten und hydraulischen Reaktionskräfte.

Der Saugrohrhals hat mehr oder weniger die Form einer Zylinderschale, es werden daher die horizontalen Wasserdrücke hauptsächlich
durch Ringdruckkräfte im Beton aufgenommen. Man wird trotzdem
nicht auf die Anordnung von innen und außen liegenden Ringeisen,

die zugleich Verteilungseisen darstellen, verzichten, einmal um die Biegungsmomente b_φ infolge der Exzentrizität der Ringkräfte aufzunehmen, dann aber auch mit Rücksicht darauf, daß das tatsächliche Kräftespiel sich nur unvollkommen erfassen läßt. Außerdem werden noch infolge Einspannung in den Meridianebenen wirkende Biegungsmomente b_x hervorgerufen, zu deren Aufnahme senkrecht verlaufende Eisen innen und außen eingelegt werden. Der Bewehrung kommt in diesem Abschnitt des Saugrohres eine mehr konstruktive Bedeutung zu, da sowohl durch die horizontalen als auch vertikalen äußeren Kräfte in der Hauptsache Druckspannungen im Beton erzeugt werden.

Die verbreiterten Füße der Stützschaufeln werden durch Ankerbolzen, die genügend lang sind, mit dem Beton verbunden, außerdem wird oben ein Kranz von lastverteilenden Ringeisen angeordnet. Zwecks Vermeidung von lokaler Überbeanspruchung wird es zweckmäßig sein, besonders geflochtene Körbe unter den Stützschaufelfüßen vorzusehen.

In dem anschließenden Saugrohrknie erfolgt die Übertragung der von oben wirkenden schweren Maschinenlasten hauptsächlich durch Balkenwirkung. Man kann sich hierfür die an dieser Stelle unten doppelt gekrümmte Saugrohrdecke in ein System von Balkenstreifen analog Abb. 25 zerlegt denken.

Die Übertragung der Maschinengewichte im Knie durch Gewölbewirkung ist kaum denkbar, da hierfür eine Belastung der Gewölbestreifen eingeführt werden müßte, die ein Mehrfaches der senkrechten, auf den Saugrohrhals wirkenden Kräfte beträgt. Dieses ist aber mit dem Gesetz vom Minimum der Formänderungsarbeit unvereinbar. Wohl aber wird sich zur Übertragung der Wasserdrücke auf die untere Leibung des Saugrohrs an dieser Stelle Gewölbewirkung einstellen.

Da die Saugrohrdecke in diesem Gebiet oft beträchtliche Betonabmessungen zeigt, so hat man es hier mit gedrungenen Balken von sehr geringem Schlankheitsgrad $\left(\dfrac{h}{L}\right)$ zu tun. Wendet man bei der Berechnung die Formeln der Navierschen Biegungstheorie an, die bekanntlich geradlinige Verteilung der σ_x voraussetzt, so erhält man Resultate, die von der Wirklichkeit um so mehr abweichen, je größer die Balkenhöhe im Verhältnis zur Spannweite ist.

Die erweiterte Biegungstheorie von Mesnager[1] gibt eine Lösung an für gedrungene Rechteckbalken auf zwei Stützen unter gleichmäßig verteilter Belastung. Bezeichnet man mit l die halbe Balkenspannweite und mit a die halbe Balkenhöhe, so lautet die Formel für die Normalspannung im mittleren Querschnitt des Balkens:

$$\sigma_x = \frac{p}{4\,a^3}\left(-2\,y^2 - 3\,l^2 + \frac{6}{5}\,a^2\right)y.$$

---

[1] Föppl: Technische Mechanik 5, § 11.

Läßt man in der Klammer das erste und dritte Glied weg, so kommt man auf die gewöhnliche Biegungsformel.

Etwas umgeformt ergibt sich für die Randspannungen:

$$\sigma_x = \frac{M}{W}\left(1 + \frac{4}{15}\frac{h^2}{L^2}\right),$$

wenn für $2\,a = h$ und $2\,l = L$ gesetzt wird.

Mit Hilfe dieser Formel kann die Spannungserhöhung gegenüber dem nach der Biegungsformel $\sigma_x = \dfrac{M}{W}$ ermittelten Spannungswert berechnet werden. Auf Abb. 21 ist die so ermittelte Spannungserhöhung für verschiedene Verhältnisse von Balkenhöhe zur Spannweite graphisch aufgetragen.

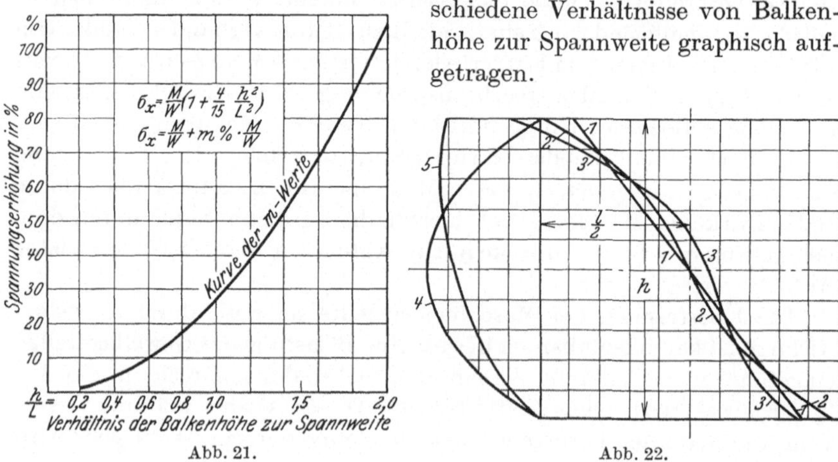

Abb. 21.   Abb. 22.

Craemer weist in seinen Veröffentlichungen[1] darauf hin, daß die Mesnagersche Lösung nicht die in Wirklichkeit vorhandenen Randbedingungen erfaßt, und schlägt eine genauere Lösung vor für eine über viele Öffnungen durchgehende Scheibe mit abwechselnd auf- und abwärts gerichteter Belastung p, die angenähert auch auf Einzelfelder angewandt werden kann. Bezüglich der Aufstellung der neuen Lösung und Auswertung der Formeln sei insbesondere auf die letztgenannte Schrift verwiesen. Um jedoch zu zeigen, wie sich die Berechnungsgrundlagen auf den rechnerisch ermittelten Spannungsverlauf auswirken, sollen hier unter Verwertung der Arbeit von Craemer die Spannungsbilder für $h = L$ gebracht werden (Abb. 22).

Linie *5*, nämlich die Schubspannung am Auflager bei Last oben, zeigt gegenüber der parabolischen Verteilung nach Navier und Mesnager *4* eine starke Konzentration nach oben hin, also nach der Belastung zu. Bei den Biegungsspannungen *3* tritt ebenfalls eine Kon-

---

[1] Beton Eisen **1929**, H. 13, 14; Z. ang. Math. Mech. **10** (1930).

zentration nach dem belasteten Rande hin ein. Der Spannungsnullpunkt liegt nicht in der Mitte, sondern fast am oberen Drittel. Bei den Lösungen von Navier *1* und Mesnager *2* ist es völlig gleichgültig, ob die Last oben oder unten oder irgendwie verteilt eingetragen wird, was aber nach Craemer gerade von ausschlaggebendem Einfluß ist, da sich die Spannungen nach dem belasteten Rande zu konzentrieren und der Spannungsnullpunkt sich in der gleichen Richtung verschiebt. Zu beachten ist übrigens, daß bei Lastangriff oben die maßgebenden Schubspannungen kleiner, die maßgebenden Biegungsdruckspannungen größer sind, als die übliche Biegungstheorie erwarten läßt. Dies zeigt sich bei noch gedrungeren Balken noch ausgeprägter.

Die vorstehenden Ausführungen geben die Möglichkeit, den Einfluß des Schlankheitsgrades auf die auftretenden Spannungen wenigstens in Annäherung auch für die hier betrachteten Fälle abzuschätzen. Da im Krafthausbau $\frac{h}{L} = 1$ wohl als obere Grenze zu betrachten ist, so liefert Abb. 22 ein gutes Bild von den Abweichungen gegenüber der gewöhnlichen Biegungstheorie. Man sieht, daß vor allem die Biegungsdruckspannungen am oberen Rand eine Erhöhung erfahren, was weiter nicht schlimm ist, da die Festigkeit des Materials an dieser Stelle sowieso nicht ausgenutzt werden kann. Das Diagramm der Biegungszugspannung erfährt wohl eine Verlagerung bei gleichzeitiger Verringerung der Randspannung; sein Inhalt verändert sich jedoch fast gar nicht. Es bleibt daher auch die von den Bewehrungseisen aufzunehmende Zugkraft ungefähr die gleiche wie bei der Bemessung unter Zugrundelegung der Navierschen Biegungstheorie. Berücksichtigt man ferner, daß infolge der fugenlosen Verbindung der Balkenstreifen in statischer Hinsicht eine weitgehende gegenseitige Beeinflussung der einzelnen Konstruktionsteile erfolgt, so kann man für die Berechnung und Bemessung der Balkensysteme, die im Krafthausbau im allgemeinen vorkommen, die Beibehaltung der gewöhnlichen Biegungstheorie empfehlen. Eine Verminderung des Sicherheitsgrades ist bei den meist vorliegenden Verhältnissen nicht zu erwarten, da jede durch Belastung eines Bauteiles entstehende Deformation infolge der monolithischen Wirkung die anschließenden Bauteile zwingt, sich mitzuverformen. Der elastische Widerstand derselben verringert aber die Spannungen im die Last aufnehmenden Konstruktionsteile, d. h. es tritt ein Spannungsausgleich ein. Für Konstruktionsglieder mit anderen Voraussetzungen, wie z. B. Bunkerwänden, leisten die Ausführungen von Craemer wertvolle Dienste.

Am ehesten läßt sich der Spannungsverlauf in dem unteren horizontalen Teil des Saugrohres verfolgen, obwohl auch hier die elastischen Verhältnisse stark von den angrenzenden Teilen des Überbaues beeinflußt werden. Bei Nichtvorhandensein von Trennwänden wird besonders im oberen Teil, wo das Betonmassiv zwischen den Aggregaten noch eine ziemliche Mächtigkeit besitzt, Gewölbewirkung vorherrschen. Selbstverständlich wird die statische Wirkung stark von der Saugrohrform beeinflußt. Bei einem elliptischen Querschnitt werden diese Voraussetzungen viel eher gegeben sein als bei einem rechteckigen mit abgerundeten Ecken. Erfolgt diese Ausrundung mit scharfer Krümmung, so kann eine Gewölbewirkung nicht mehr angenommen werden. Es trifft dieses in den allermeisten Fällen für die weiteren nach dem Unterwasser gelegenen Teile des Saugkrümmers zu. In diesem Falle erfolgt die Lastübertragung durch Rahmenwirkung.

Die Saugrohrdecke und Sohle sowie die Pfeiler und eventuell angeordnete Trennwände bilden ein mehr oder minder kompliziertes Rahmensystem. Diese Trennwände, die hauptsächlich aus hydraulischen Gründen zwecks Stabilisierung der Strömungsverhältnisse angeordnet werden, können sowohl waagerecht als auch senkrecht verlaufen. Im letzteren Fall übernimmt die senkrechte Trennwand meist die Rolle eines Zwischenpfeilers und trägt dann wesentlich zur Verminderung der Bewehrung der Deckenplatte bei, da die Spannweite halbiert wird.

Führt man die genaue Rahmenberechnung für die verschiedenen Belastungsfälle durch, so wird man feststellen, daß in den Rahmenstielen, den Pfeilern, je nach den Belastungsannahmen entweder gar keine oder relativ geringe Zugspannungen auftreten. Es hat dieses darin seinen Grund, weil durch die Pfeiler ein großer Teil der Gebäudelasten in den Boden geleitet wird, und die infolgedessen im Beton auftretenden Druckspannungen gegenüber den Zugspannungen aus den Biegungsmomenten überwiegen. Man wird daher im allgemeinen die genaue Berechnung nach der Rahmentheorie nur bei ganz großen Anlagen durchführen und auch dann nur, wenn die theoretischen Voraussetzungen dafür gegeben sind.

Die Wahl des statischen Systems hängt ganz von den örtlichen Verhältnissen ab. In der Regel wird man bei Vorhandensein einer horizontalen Zunge diese nicht in das statische System einbeziehen, da das Trägheitsmoment dieser Wand sehr gering ist und nur einen Bruchteil des Trägheitsmomentes der Seitenwände beträgt, außerdem wird die Zunge erst nach Fertigstellung der übrigen Teile eingebaut, daher wird man auch von der Herbeiziehung als Zugband absehen.

Bei mittleren und kleineren Anlagen wird es voll und ganz genügen, für die Berechnung und Dimensionierung der Decken- und Sohlenplatte Balkenwirkung anzunehmen. Die Einspannungsverhältnisse hängen von den Pfeilerabmessungen sowie von dem Verhältnis der Balkenspannweite zur Balkenhöhe ab. Bei nicht zu großer Balkenhöhe kann mit voller Einspannung gerechnet werden. Außerdem wird man auch den Pfeilern eine gewisse Bewehrung geben.

Es wurde eingangs darauf hingewiesen, daß der Berechnungsgang und die Wahl des statischen Systems von den örtlichen Bedingungen abhängt. Welche Gesichtspunkte hierbei maßgebend sind, soll an zwei Beispielen gezeigt werden.

Beim Bau des Kraftwerkes Lilla Edet wurde die Saugrohrdecke unter dem Maschinensaal für Schnitte senkrecht zur Längsrichtung der Saugrohre als eingespanntes Gewölbe berechnet. Diese Annahme schien berechtigt mit Rücksicht auf die Saugrohrform und die Betonabmessungen der Wandungen zwischen den einzelnen Aggregaten.

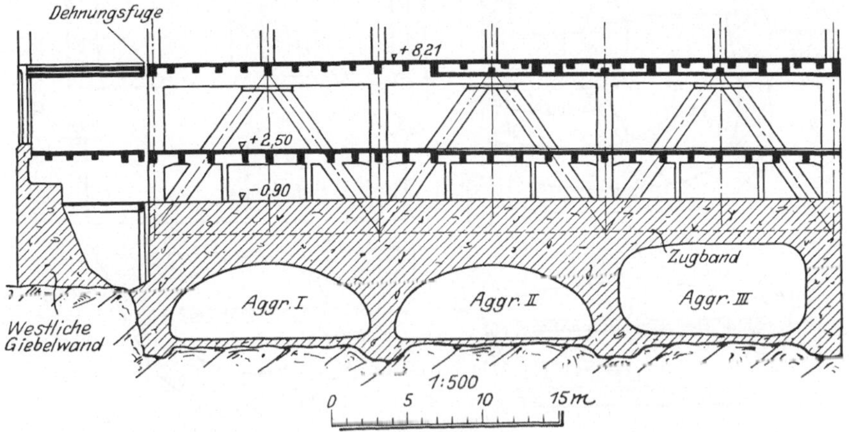

Abb. 23. Kraftwerk Lilla Edet. [Z. V. d. I. Bd. 72, Nr. 39 (1928).]

Dagegen wurden die unter und vor dem Schalthaus gelegenen Teile des Saugrohres als mehrstielige Rahmenkonstruktion mit eingespannten Füßen berechnet (Abb. 23). Der Riegel wird durch die Saugrohrdecke, die Rahmenstiele durch die Pfeiler gebildet. Wie bereits erwähnt, wurde der Berechnung der Saugrohrsohle unterhalb des Inspektionsganges kein Auftrieb zugrunde gelegt, daher braucht dieselbe auch nicht in das statische System einbezogen zu werden. Aus hydraulischen Gründen durften die Saugrohre durch keine Zwischenpfeiler unterbrochen werden. Es mußten daher die Lasten der Decke und der Zwischenpfeiler der aufgehenden Maschinensaalwand durch eine Sprengwerkkonstruktion auf die Hauptpfeiler übertragen werden (Abb. 23). Das Zugband dieses Sprengwerkes ist innerhalb der Saugrohrdecke untergebracht. Hierdurch wurde erreicht, daß diese Lasten sozusagen nicht auf die Saugrohrdecke wirken. Dagegen werden die Lasten der Zwischendecke durch Stützen auf die Saugrohrdecke übertragen.

Beim Bau des Kraftwerkes Ryburg-Schwörstadt wurde trotz angeordneter Dränage der Auftrieb in voller Größe in die Berechnung eingeführt. Da ferner die Saugrohrdecke innerhalb des Krafthauses wesentlich größere Abmessungen aufwies, so änderten sich dementsprechend die Voraussetzungen der statischen Berechnung.

Sowohl der außerhalb als auch innerhalb des Gebäudes liegende Teil des Saugrohres wurde als Rahmenkonstruktion berechnet. Da der Balken T (Abb. 24) ein außerordentlich hohes Trägheitsmoment besitzt und seine Höhe nur wenig geringer ist als die Spannweite,

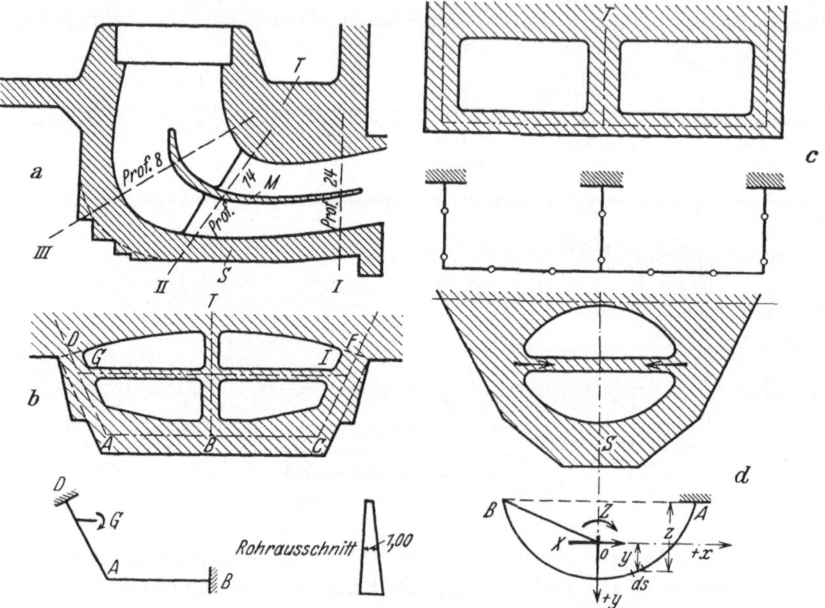

Abb. 24 a bis d. Kraftwerk Ryburg-Schwörstadt. Berechnung des Betonsaugkrümmers.

wurden die Pfeiler als in diesen Balken voll eingespannt angesehen. Derselbe gibt an die Pfeiler nur lotrechte Kräfte, jedoch keine Momente ab. Die Mittelwand M wurde in das System nicht einbezogen. Das eventuelle Einspannungsmoment dieser Wand wurde als Konsolmoment in den Pfeiler hineingeleitet. Die Sohle bildet also in diesem Gebiet mit den Pfeilern zusammen einen dreistieligen Rahmen, dessen Stiele in den Block T eingespannt sind. Abb. 24 b zeigt das für die Berechnung des Profils *14* zugrunde gelegte Achsensystem. Wegen Symmetrie des Achsensystems und der Belastungen wurde in B volle Einspannung angenommen. In D ist aus denselben Gründen wie vorher mit voller Einspannung zu rechnen. Der Schnitt *III* (Profil *8*) wurde als eingespanntes Gewölbe berechnet. Wie bei den vorhergehenden Schnitten wurde oben vollständige Einspannung im Balken T angenommen.

Abb. 25 stellt den Balken T mit seinen Auflasten dar. Der Balken lagert auf den Saugrohraußenwänden und auf der Saugrohrmittelwand auf. Er bildet zugleich einen Teil der Saugrohrdecke. Der Teil T' wurde als einfacher Balken berechnet. Die Höhe dieses Balkenabschnittes

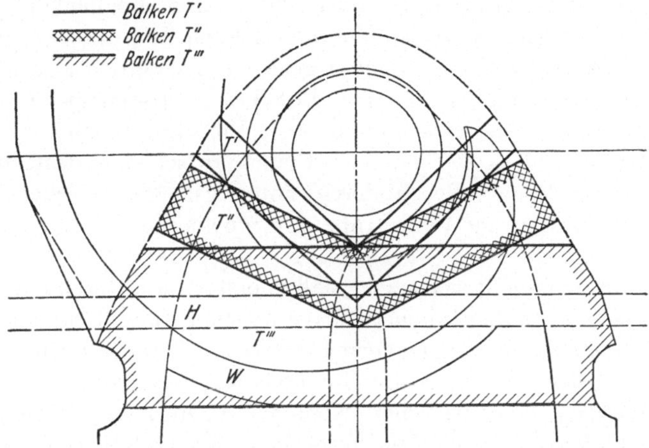

Abb. 25. Kraftwerk Ryburg-Schwörstadt. Berechnung des Betonsaugkrümmers.

entspricht ungefähr seiner Spannweite, außerdem liegen die beiden Balken T' nicht in derselben Richtung; aus diesem Grunde wurde mit einer Kontinuität nicht gerechnet. Der Balken T'' wurde ebenfalls als einfacher Balken gerechnet. Seine Belastung besteht aus dem Zwickel e—f—g. Die Auflast liegt also ganz am Außenauflager. Der Balken T''' wurde als durchlaufender Träger über zwei Öffnungen berechnet.

V. Besondere Saugrohrformen.

1. Berechnung und Konstruktion der Saugkammerdecke.

a) Allgemeines.

Die Berechnung und konstruktive Durchbildung der einzelnen Bauteile, in die das Saugrohr sowie die Saugrohrkammer zerfällt, hängt in weitestgehendem Maße von der Art der Überleitung der Lasten (Eigengewicht der Konstruktion, Maschinengewichte, Wasserauflast, hydraulische Reaktionskräfte usw.) in das Fundament ab. Es bestehen hierfür prinzipiell zwei Möglichkeiten:

1. Die auf die Decke der Saugrohrkammer anfallenden Lasten werden durch Plattenwirkung auf die Hauptpfeiler des Krafthauses bzw. auf die Saugkammerrückwand übertragen und von dort in den Untergrund geleitet.

2. Durch Anordnung einer Anzahl Stützschaufeln aus Gußstahl, gewöhnlich sechs bis acht, am unteren Umfang der Saugrohrglocke wird ein großer Teil der Auflast direkt in den Untergrund geleitet.

Vergleicht man die beiden Konstruktionsprinzipien miteinander, so wird man ohne Zweifel im allgemeinen das letztere bevorzugen. Bei der ersten Anordnung ist für die Spannweite der Deckenplatte die ganze Breite der Saugrohrkammer einzusetzen. Eine Möglichkeit für die Reduktion der Spannweite ist nur im vorderen Teil durch Anordnung von ein oder zwei Zwischenpfeilern gegeben. Es werden sich also sehr große Plattenstärken mit hohem Bewehrungsprozentsatz errechnen. Da ferner durch den Maschinenbetrieb Vibrationen und Erschütterungen hervorgerufen werden, so ist auch in schwingungstechnischer Hinsicht diese Bauart der anderen unterlegen, bei welcher wesentlich größere Massen zur Verzehrung der Schwingungsenergie gebunden werden.

Ganz allgemein läßt sich sagen, daß in erster Linie durch hinreichend große Massen sowie durch konstruktive Ausgestaltung derselben Schutz gegen Resonanzerscheinungen erreicht werden kann. Die für den Betrieb notwendige Sicherheit und Zuverlässigkeit ist daher in der Herstellung steifer, monolithischer Konstruktionen zu erblicken, deren elastokinetischen Eigenschaften durch hohe Eigenfrequenzen zum Ausdruck kommen. Es genügt nicht, bei ihrer Gestaltung nur die Übertragung der Gewichte im Auge zu haben, das Vorhandensein der dynamischen Beanspruchung verlangt auch Maßnahmen zur Verarbeitung von Energie. Da die periodischen Impulse am Lager aufgedrückt werden, so ist der Abstützung derselben besondere Aufmerksamkeit zu schenken. Aus diesem Grunde kommt der konstruktiven Durchbildung des Generatorfundaments und der Spiralendecke erhöhte Bedeutung zu. Genügende Abmessungen der Bauglieder, Symmetrie sowie Steifigkeit der sich ergebenden Rahmenecken werden sich vorteilhaft auswirken. Die Energie muß in jedem Falle durch die dämpfende Wirkung des Baustoffes oder Baugrundes vernichtet werden, so daß für beide neben Festigkeit Dämpfungsfähigkeit, also energieverzehrende Eigenschaften, notwendig sind. Durch die Art der Bewehrung sowie die Zusammensetzung und Verarbeitung des Betons kann dessen Arbeitsvermögen vermehrt werden. Es geschieht dies durch Anordnung sich kreuzender Eiseneinlagen sowie durch Schrägeisen und Bügel (vgl. u. a. Abb. 27), ferner durch Herabsetzen des Wasserzusatzes bis auf das für die Erreichung der erforderlichen Konsistenz benötigte Minimum, da jeder nicht für das Abbinden notwendige Wasserzusatz Hohlräume liefert, welche die innere Reibung des Baustoffes vermindern. Selbstverständlich wird man in diesem Zusammenhang auch den Arbeitsfugen bei der Wiederaufnahme der Betonierungsarbeiten die größte Aufmerksamkeit widmen. Auf die hierbei zu ergreifenden Maßnahmen soll in dem Kapitel über Bauausführung nochmals zurückgegriffen werden.

Es sollen vorerst die Berechnungsgrundlagen der Deckenplatte der Saugrohrkammer behandelt werden, die je nach der Bauart voneinander verschieden sind.

b) Berechnungsgrundlagen und konstruktive Maßnahmen für den Fall, daß keine Abstützung der Saugrohrglocke vorhanden ist.

Die Decke der Saugrohrkammer bzw. Sohlenplatte der Einlaufspirale stellt im allgemeinen eine dreiseitig gelagerte Platte dar, welche mit den als Auflager dienenden Hauptpfeilern des Krafthauses bzw. der Rückwand der Saugrohrkammer elastisch verbunden ist. Da in den meisten Fällen noch ein bis zwei Zwischenpfeiler zur Unterstützung der Decke und Verringerung ihrer Spannweite im vorderen Teil der Saugrohrkammer angeordnet werden, so kann dieser Deckenstreifen infolge seiner größeren Steifigkeit auch als Auflagerfläche für die Deckenplatte aufgefaßt werden. Man hat es also hier näherungsweise mit einer allseitig elastisch eingespannten Platte zu tun, welche außer der gleichmäßig verteilten Belastung noch Lasten, die am Umfang der Turbinenöffnung angreifen, auf ihre Auflager zu übertragen hat.

Marcus[1] weist nun bei der Behandlung biegsamer Platten nach, daß bei gleichmäßig belasteten Platten der Unterschied zwischen den Höchstwerten der Biegungsmomente bei frei aufliegenden bzw. fest eingespannten Platten wesentlich geringer als bei einfachen bzw. eingespannten Trägern ist und daß daher die Wirkung der Kontinuität bei den Platten weniger als bei den Balken in Erscheinung tritt.

Wird die Platte nur durch eine Einzelkraft belastet, so ist der Einfluß der Lagerungsart noch weniger ausgeprägt. Eine weitere Eigentümlichkeit hierbei ist, daß innerhalb des Bereiches $1 < \dfrac{l_y}{l_x} < 2$, also bei den häufigsten Längenverhältnissen die Werte $M_{x_{\max}}$ und $M_{y_{\max}}$ sich wenig voneinander unterscheiden. Die Ergebnisse genauerer Untersuchungen führen ebenso zu der Feststellung, daß die Platte in einem ziemlich weiten Bereich um den Lastangriffspunkt das gleiche Spannungsbild wie eine kreisförmige Platte aufweist.

Unter Berücksichtigung der vorstehenden Ausführungen, besonders über die Wirkung der Randeinspannung auf die Größe der Biegungsmomente, kann man für die Berechnung und Dimensionierung der Deckenplatte der Saugrohrkammer von der Einwirkung der elastischen Einspannung in die Wandungen ganz absehen.

---

[1] Marcus: Die vereinfachte Berechnung biegsamer Platten. Berlin: Julius Springer 1929.

Da sich das Kräftespiel doch nicht vollkommen exakt erfassen läßt und die Platte in der Mitte durch eine Öffnung unterbrochen ist, dürfte sich der im folgenden gegebene einfache Berechnungsgang als brauchbare Näherungslösung empfehlen.

Man denke sich die Platte in acht Balkensysteme aufgelöst, welche sich um die Saugrohröffnung legen und die anfallenden Lasten weiterleiten (Abb. 26). Jeder dieser Streifen kann als ein Balken auf 2 Stützen aufgefaßt werden, der mit einem Achtel der Gesamtlast innerhalb der lichten Weite der Wandungen belastet ist. Selbstverständlich sind hierbei nur solche Lasten zu berücksichtigen, die tatsächlich von der Deckenplatte übertragen werden müssen. Außerdem kann für die Berechnung die so ermittelte Auflast als gleichmäßig verteilt angenommen werden. Die letztere Annahme ist ohne weiteres verständlich, wenn die Ausführung des Krafthauses nach Abb. 27 erfolgt, aber auch bei andersartiger Ausbildung erscheint sie durchaus zulässig, da in Anbetracht der Monolithität der Sicherheitsgrad

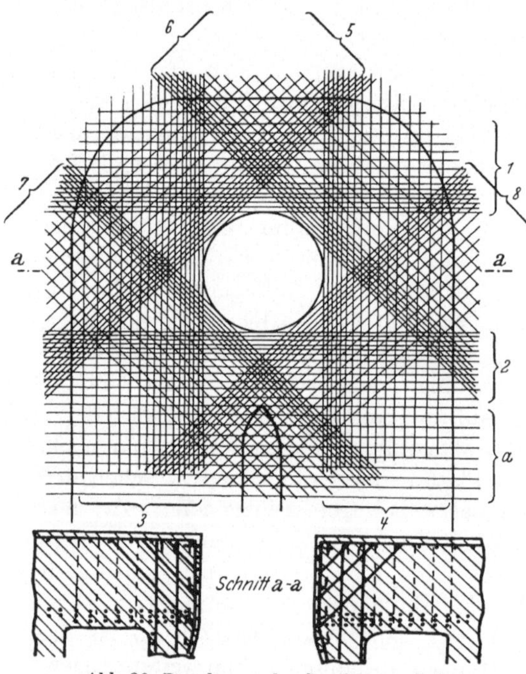

Abb. 26. Berechnung der Saugkammerdecke.

nicht verringert wird. Die Plattenwirkung kann dadurch berücksichtigt werden, daß ein entsprechender α-Wert bei der Berechnung der Biegungsmomente eingeführt wird, dessen Größe man von Fall zu Fall unter Beachtung der örtlichen Verhältnisse festsetzt.

Als Auflager der in der Querrichtung verlaufenden Deckenstreifen dienen die Hauptpfeiler, während die in der Längsrichtung, d. h. Fließrichtung des Wassers, verlaufenden Streifen sich einerseits auf die Rückwand der Saugrohrkammer aufstützen, andrerseits in den Beton des Balkens (a) einbinden. Die Diagonalstreifen (5) und (6) stützen sich einerseits auf die Hauptpfeiler, andrerseits auf die Saugkammerrückwand. Meistens wird zu diesem Zweck bei amerikanischen Anlagen eine vorspringende Nase angeordnet (Abb. 28). Die Diagonalstreifen (7) und (8) ruhen ebenfalls mit einem Ende auf den Hauptpfeilern, während das andere Ende sich auf den fast stets vorhandenen Zwischenpfeiler aufsetzt. Es ergibt sich so ein System von Eisengürteln, die sich

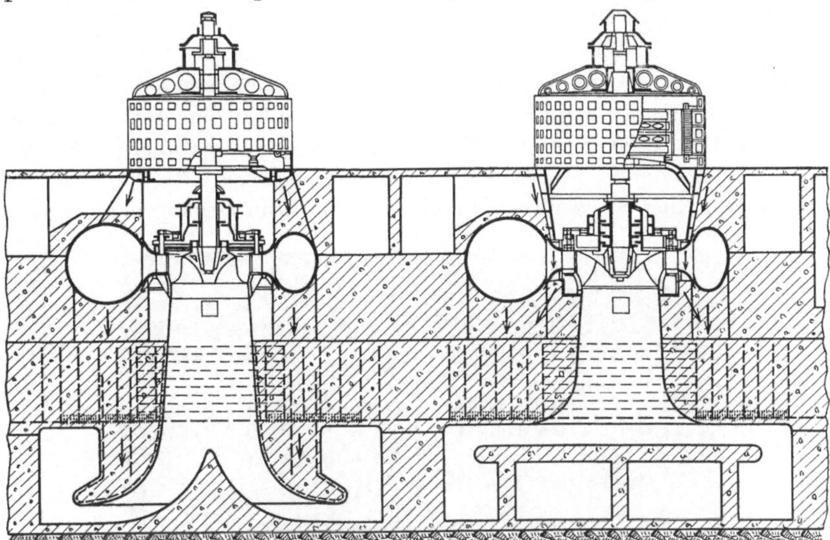

Abb. 27. Niagara-Kraftwerk (U. S. A.). Schnitt durch das Krafthaus. Bewehrung der Saugkammerdecke. Links Moody-Saugrohr, rechts White regainer. (Engg. News Rec. Bd. 85, Nr. 13.)

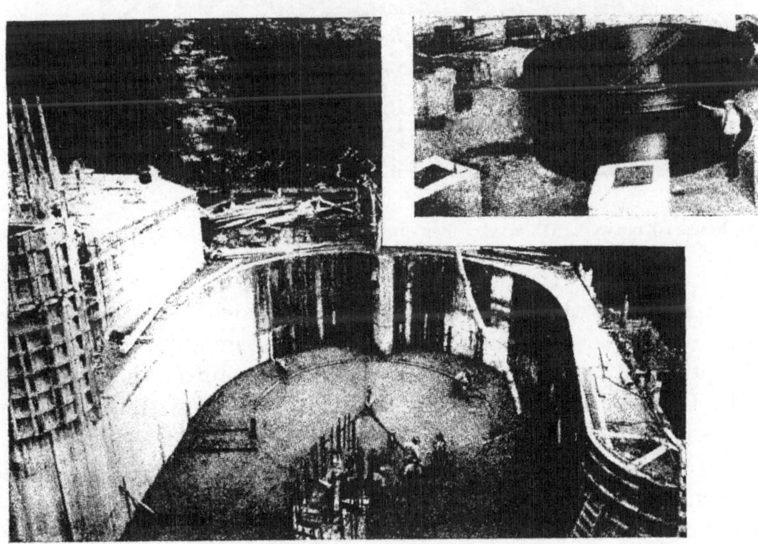

Abb. 28. Niagara-Kraftwerk (U. S. A.). Boden und Wandungen der Saugrohrkammer. Die Decke
über dieser Saugrohrkammer ist 4 m stark und enthält 100 t Bewehrungseisen und 1590 cbm Beton.
(Power Bd. 61, Nr. 21.)

meist zweifach, an vielen Stellen aber auch dreifach, übergreifen, wie
dies aus Abb. 29 zu ersehen ist. Durch die sich kreuzenden Eiseneinlagen

wird das Verhältnis der Querdehnungen zu den Längenänderungen des Betons stark beeinflußt. Die Steifigkeit und damit die Tragfähigkeit der Platte wird dadurch erheblich gesteigert.

Man wird die Eiseneinlagen zweckmäßigerweise nicht gleichmäßig verteilt über die ganze Breite des Streifens anordnen, sondern sie in der Nähe der Öffnung entsprechend dem Lastangriff in engerem Abstand verlegen. Die in der Nähe der Wandungen zu diesen parallel laufenden Deckeneisen können nicht in dem Maße beansprucht werden wie die am Umfang der Saugrohröffnung liegenden. Eine Beanspruchung der

Abb. 29. Niagara-Kraftwerk (U. S. A.).   Bewehrung der Saugkammerdecke. (Engg. News Rec. Bd. 85, Nr. 13.)

Bewehrungseisen tritt erst ein, wenn die Platte sich verbiegt; zu jeder Biegung gehört aber eine Einsenkung. Diese kann in unmittelbarer Nähe der Hauptpfeiler bzw. Rückwand aber gar nicht auftreten, da sich ja sonst die Platte abscheren müßte. Diese Verhältnisse sind bei der Verteilung der Eiseneinlagen zu berücksichtigen (Abb. 26).

Ferner wird ein Teil der Lasten noch durch Kragwirkung übertragen. Aus diesem Grunde sind am oberen Plattenrande strahlenförmig nach der Mitte zu verlaufende Eisen anzuordnen, die durch Ringeisen zu verbinden sind. Infolge Durchsenkung der Deckenplatte wird der Durchmesser der Saugrohröffnung oben verkleinert und unten vergrößert. Es entstehen also unten Ringzugspannungen im Beton am Umfang der Öffnung. Die unteren sich kreuzenden Eisengürtel wirken aber wie eine Ringbewehrung und dienen auch zur Aufnahme dieser Zugspannungen. Außerdem wird man die Ringbewehrung der Saugrohrglocke über die ganze Plattenstärke hinweg anordnen. Die Behinderung der Deformation der Saugrohröffnung am oberen Plattenrande wirkt wie eine leicht elastische Einspannung und äußert sich in günstigem Sinne auf die Tragfähigkeit der Platte. Selbstverständlich wird die an dieser Stelle meist vorhandene Gußstahlverkleidung durch die Ringkräfte auf Druck beansprucht. Ferner dürfte es zweckmäßig sein, in der Umgebung der Saugrohröffnung durch aufgebogene Eisen das Kernstück besser in die angrenzenden Rand- und Eckstreifen zu verankern.

c) Berechnungsgrundlagen und konstruktive Maßnahmen für den Fall, daß die Saugrohrglocke auf den Untergrund abgestützt wird.

Werden zwecks direkter Überleitung eines Teiles der Lasten Stützen am unteren Umfang der Saugrohrglocke angeordnet, so wirkt die letztere als innerer Stützpunkt für die Deckenplatte der Saugrohrkammer (Abb. 30). Als weiterer Stützpunkt dienen die Hauptpfeiler des Krafthauses sowie die Kammerrückwand. Die Deckenplatte zerfällt in radial verlaufende Streifen, die beiderseitig schwach elastisch eingespannt sind. Durch die Abstützung auf den oberen Umfang der Saugrohrglocke wird die Spannweite der Plattenstreifen reduziert, und da man aus konstruktiven und schwingungstechnischen Gründen unter ein gewisses Maß mit der Deckenstärke nicht hinuntergeht, so ergeben sich für die Berechnung gedrungene Balken mit geringem Schlankheitsgrad $\left(\dfrac{h}{L}\right)$. Man wird daher auch hier die Ausführungen des vorhergehenden Abschnittes zu beachten haben. Da ferner eine vollkommen exakte Erfassung des Kräftespiels auch hier nicht möglich ist, wird man auf die Anordnung eines Systems von sich kreuzenden Eisengürteln an dem unteren Plattenrand analog den Abb. 26 u. 29 nicht verzichten. Selbstverständlich kommt dieser Bewehrung jetzt eine mehr konstruktive Bedeutung zu, und man wird sie je nach den Umständen stärker oder schwächer wählen. Der Lastanteil, der vermöge der elastischen Nachgiebigkeit des Saugrohrs mit Hilfe der Deckenplatte auf die seitlichen Pfeiler übertragen wird, hängt ab von der Länge des Saugrohrs, der Spannweite der Saugrohrkammer, der Plattenstärke sowie in geringerem Maße von der Form, Lage und Anzahl der Stützschaufeln. Bei großer Plattenstärke im Verhältnis zu den Saugrohrwandungen sowie einer geringen Anzahl Stützen von kleinen Abmessungen wird dieser Anteil größer sein und dementsprechend die rein statische Bedeutung der Bewehrungsstreifen *1* bis *8* wachsen.

Die eigentliche Hauptarmierung der Deckenplatte verläuft entsprechend den Lagerungsbedingungen strahlenförmig der Mitte zu und besteht sowohl aus oberen als auch unteren Eiseneinlagen. Unter Berücksichtigung der zusätzlichen Plattenbewehrung in Gestalt der acht sich kreuzenden Eisengürtel kann man die α-Werte bei der Ermittlung

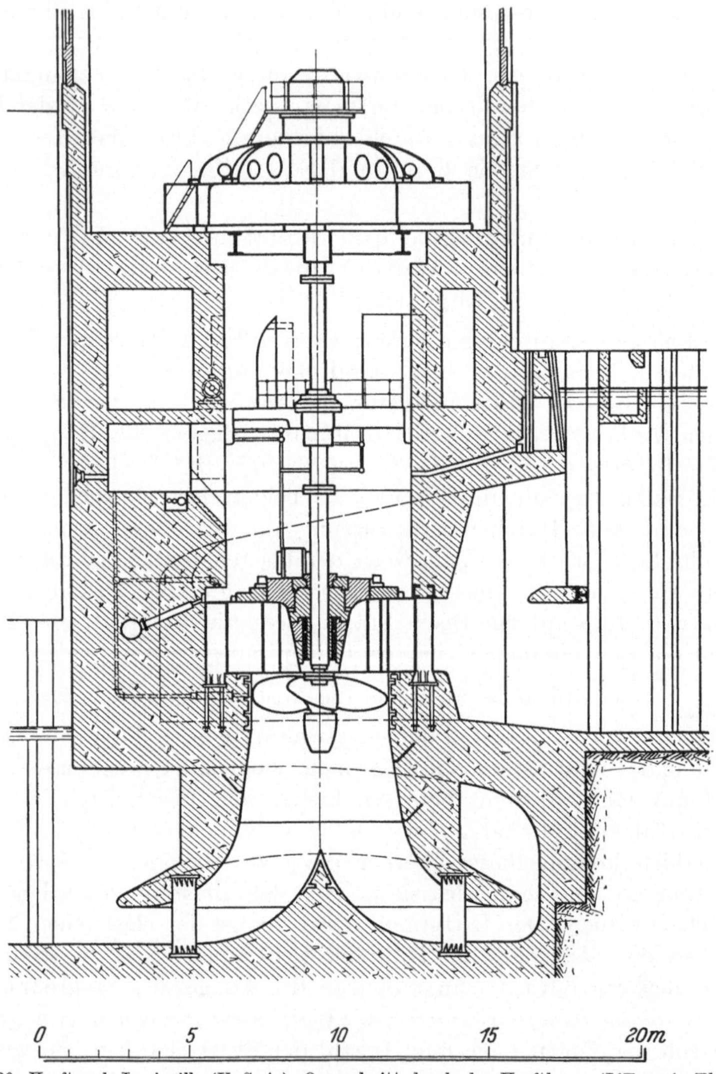

Abb. 30. Kraftwerk Louisville (U. S. A.). Querschnitt durch das Krafthaus. (L'Energia Elettrica, Ottobre 1929.)

der Biegungsmomente entsprechend reduzieren. Die zur Aufnahme der negativen Einspannungsmomente notwendigen Eiseneinlagen (obere Radialeisen) wird man zweckmäßigerweise über die ganze Spannweite der Sektoren durchführen.

Ferner ist zu beachten, daß infolge der beträchtlichen Plattenstärke eine gewisse Verteilung der Maschinenlasten eintritt. Ein gewisser Prozentsatz derselben wird daher nicht auf direktem Wege durch den Mantel der Saugrohrglocke und die Stützschaufeln in den Boden geleitet, sondern durch direkte Belastung des Deckenstreifens.

Der Deckenstreifen *a* im vorderen Teil der Saugrohrkammer (Abb. 26) hat als Endaufleger die Hauptpfeiler und in den meisten Fällen noch weitere Stützpunkte auf den Zwischenpfeilern. Er wirkt wie ein durchlaufender Träger auf 3 bzw. 4 Stützen. Ein Teil der Deckenauflast wird durch die Streifen *3* und *4* bzw. je nach der Konstruktion auch durch *7* und *8* auf diesen Balken *a* übertragen.

2. Berechnung und Konstruktion der Saugrohrglocke.

a) Allgemeines.

Was nun die Berechnungsgrundlagen für die Saugrohrglocke anbetrifft, so soll im folgenden ein Verfahren entwickelt werden, welches auf den bekannten Methoden für die Berechnung von Zylinderschalen fußend gestattet, einen Einblick in den mutmaßlichen Spannungszustand der Saugrohrglocke zu tun.

Da durch die Saugrohrwandungen bei Anordnung von tragenden Stützschaufeln gewaltige Lasten in den Untergrund übergeleitet werden, so erscheint es äußerst wünschenswert, ein möglichst wahrheitsgetreues Bild von dem Spannungsverlauf innerhalb der Konstruktion zu erhalten, um die Bewehrung so zweckmäßig wie möglich anzuordnen. In diesem Sinne sind die nachfolgenden Ausführungen als Hilfsmittel zu betrachten, um einen Maßstab zur Beurteilung der wirklichen Kraftverhältnisse zu gewinnen.

Im Hinblick auf die statischen und materialtechnischen Voraussetzungen wurde bei der Entwicklung des Verfahrens nicht eine mathematisch absolut exakte Lösung des Problems angestrebt, sondern eine für praktische Zwecke brauchbare Näherungslösung, die aber doch den tatsächlichen Verhältnissen möglichst nahe kommt.

b) Verfahren zur Ermittlung des Spannungszustandes in einer Saugrohrglocke.

Charakteristisch für die im folgenden gegebene analytische Behandlung ist die drehsymmetrische doppelt gekrümmte Formgebung der Saugrohrmittelfläche. Die Auflagerung und eventuelle Einspannung am oberen und unteren Rand ist für die analytische Behandlung belanglos, da ja die Überlagerung des partikulären Integrals mit dem der homogenen Differentialgleichung in ihrer Gesamtheit eine Lösung darstellt, welche gerade immer über so viel willkürliche Konstante verfügt, als zur Bestimmung beliebig vorgegebener Randbedingungen erforderlich ist.

Es handelt sich daher immer darum, die allgemeine Lösung zunächst zu bestimmen und je nach den örtlichen Verhältnissen durch Auflösen von vier linearen Gleichungen mit vier Unbekannten die Größe der willkürlichen Konstanten zu ermitteln.

Die in Abb. 31 dargestellte, oben und unten als starr eingespannt vorausgesetzte Schale stellt daher lediglich eine ganz speziell gewählte Lagerungsmöglichkeit dar, durch die die Allgemeinheit der nachstehenden Betrachtungen in keiner Weise beeinträchtigt wird. Es hätte ebensogut ein oben eingespanntes und unten vollständig frei bewegliches Saugrohr oder auch oben und unten gestützte und gleichzeitig noch oben eingespannte Lagerung vorausgesetzt werden können. Es würde

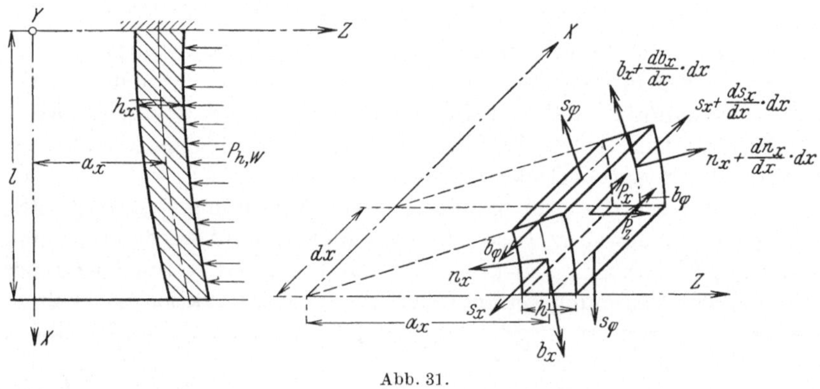

Abb. 31.

selbstverständlich zu weit führen, an dieser Stelle eine erschöpfende Behandlung der großen Zahl von Lagerungsmöglichkeiten zu geben, zumal wenn auch noch elastische Einspannung und Auflagerung in den Kreis der Betrachtungen gezogen werden.

Die strenge analytische Behandlung der beliebig gekrümmten drehsymmetrischen Schale macht außerordentliche Schwierigkeiten. Glücklicherweise läßt sich der größte Teil der praktisch auftretenden Fälle mit einfacheren Methoden behandeln, welche darauf beruhen, daß die für die Zylinderschalen gültigen Formeln näherungsweise angewandt werden können, natürlich unter Berücksichtigung des veränderlichen Ringdurchmessers. Voraussetzung hierbei ist allerdings, daß die Krümmung der Erzeugenden verhältnismäßig klein ist und die von der Achse mit den Tangenten der Erzeugenden gebildeten Winkel klein genug sind, um den cos mit hinreichender Genauigkeit gegen die Einheit zu vernachlässigen.

Es sei übrigens bemerkt, daß ähnliche vereinfachende Annahmen, z. B. bei der Berechnung von Brückengewölben, meistens vorausgesetzt werden, indem man nämlich das Gewölbe als 3fach statisch unbestimmten gekrümmten Balken berechnet, ohne sich um den Einfluß der Krümmung auf die Spannungen weiter zu kümmern.

Gleichgewichtsbedingungen am Schalenelement.

$\dfrac{ds_x}{dx} + P_x = 0$ P_x ist die in Richtung der X-Achse auf ein Prisma von der Höhe und Tiefe 1 sowie Dicke h_x entfallende äußere Kraft.

$\dfrac{ds_x}{dx} - \dfrac{s_\varphi}{a_x} + P_z = 0$ P_z ist die analoge äußere Kraft in Richtung der Z-Achse.

$\dfrac{db_x}{dx} - n_x + M_y\dot{} = 0$ M_y ist ein auf das bezeichnete Prisma entfallendes äußeres Moment um die Y-Achse.

Es soll nun im folgenden lediglich die Einwirkung der horizontalen Komponente des Wasserdruckes untersucht werden, damit wird:

$$P_x = 0; \quad M_y = 0; \quad P_z = - p_{h,w}; \quad \frac{ds_x}{dx} = 0; \quad s_x = \text{constans} = 0;$$

$$\frac{dn_x}{dx} - \frac{s_\varphi}{a_x} = + p_{h,w}; \quad \frac{db_x}{dx} - n_x = 0; \quad \frac{d^2 b_x}{dx^2} = \frac{dn_x}{dx}$$

eingeführt in

$$\frac{dn_x}{dx} - \frac{s_\varphi}{a_x} = p_{h,w}; \quad \frac{d^2 b_x}{dx^2} - \frac{s_\varphi}{a_x} = p_{h,w}. \tag{1}$$

Betrachtet man nun den Verschiebungszustand, so ist:

$$s_x = 0 = \frac{du}{dx} + v \cdot \frac{w}{a_x} \quad \text{oder} \quad \frac{du}{dx} = - v \cdot \frac{w}{a_x};$$

$$s_\varphi = \frac{h_x \cdot E}{1 - v^2} \cdot \left(\frac{w}{a_x} + v \frac{du}{dx} \right) \quad \text{oder} \quad s_\varphi = h_x \cdot E \cdot \frac{w}{a_x}; \tag{2}$$

$$b_x - \delta \cdot s_x = b_x = - \frac{E \cdot J_s}{1 - v^2} \cdot \frac{d^2 w}{dx^2};$$

$$\frac{db_x}{dx} = - \frac{E}{1 - v^2} \left(J_s \cdot \frac{d^3 w}{dx^3} + \frac{dJ_s}{dx} \cdot \frac{d^2 w}{dx^2} \right); \tag{2a}$$

$$\frac{d^2 b_x}{dx^2} = - \frac{E}{1 - v^2} \left(J_s \cdot \frac{d^4 w}{dx^4} + 2 \cdot \frac{dJ_s}{dx} \cdot \frac{d^3 w}{dx^3} + \frac{d^2 J_s}{dx^2} \cdot \frac{d^2 w}{dx^2} \right). \tag{3}$$

Werden (2) und (3) in (1) eingeführt, so ergibt sich:

$$- \frac{E}{1 - v^2} \left(J_s \cdot \frac{d^4 w}{dx^4} + 2 \cdot \frac{dJ_s}{dx} \cdot \frac{d^3 w}{dx^3} + \frac{d^2 J_s}{dx^2} \cdot \frac{d^2 w}{dx^2} \right) - h_x \cdot E \cdot \frac{w}{a_x^2} = p_{h,w}$$

oder aufgelöst:

$$\frac{J_s}{1 - v^2} \cdot \frac{d^4 w}{dx^4} + \frac{2 J_s'}{1 - v^2} \cdot \frac{d^3 w}{dx^3} + \frac{J_s''}{1 - v^2} \cdot \frac{d^2 w}{dx^2} + \frac{h_x}{a_x^2} \cdot w = - \frac{1}{E} \cdot p_{h,w}. \tag{4}$$

Bei der Betrachtung der übrigen Belastungsfälle

1. Eigengewicht der Saugrohrglocke,
2. Auflast von oben,
3. Lotrechte Komponente des Wasserdruckes

geht man folgendermaßen vor: Man denkt sich die Schale an der Stelle $x = 0$ und $x = 1$ durchgeschnitten und in den Randflächen die Scher-

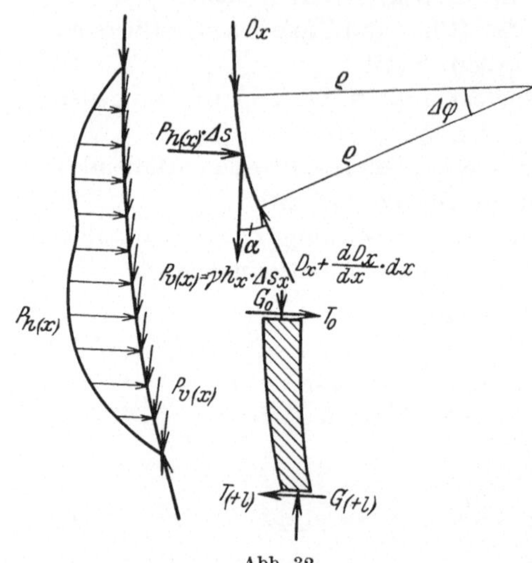

Abb. 32.

kräfte T_0 und $T_{(+l)}$ von solcher Größe angebracht, daß die Resultierende aus T_0 und G_0 sowie $T_{(+l)}$ und $G_{(+l)}$ in Richtung der Tangente an die Kurve a_x für $x = 0$ und $x = +1$ fällt.

Betrachtet man jetzt an Stelle der Schalenschnittfläche einen nach der Kurve a_x gekrümmten Stab, so mögen an diesem neben den eben erwähnten vier Randkräften noch die Kräfte $p_v = \gamma h_x \cdot \Delta s$ wirken. Das Gleichgewicht denkt man sich zunächst dadurch erzeugt, daß die Schale längs der ganzen Mantelfläche durch eine drehsymmetrische, senkrecht zur Achse wirkende, stetig verteilte Belastung $p_{h(x)}$ gestützt ist, deren Größe aus der Betrachtung des Gleichgewichts am Bogenelement folgt.

$$D_x\cdot\Delta\varphi + \gamma\cdot h_x\cdot\varrho\cdot\Delta\varphi\cdot\sin\alpha - p_{h(x)}\cdot\varrho\cdot\Delta\varphi\cdot\cos\alpha = 0;$$

$$-\frac{dD_x}{dx}\cdot\Delta x + \gamma\cdot h_x\cdot\varrho\cdot\Delta\varphi\cdot\cos\alpha + p_{h(x)}\cdot\varrho\cdot\Delta\varphi\cdot\sin\alpha = 0.$$

Hierin ist:

$$\varrho = \frac{\left[1+\left(\dfrac{da_x}{dx}\right)^2\right]^{\frac{3}{2}}}{\dfrac{d^2a_x}{dx^2}}; \quad \operatorname{tg}\alpha = \frac{da_x}{dx}; \quad \sin\alpha = \frac{\dfrac{da_x}{dx}}{\sqrt{1+\left(\dfrac{da_x}{dx}\right)^2}};$$

$$\cos\alpha = \frac{1}{\sqrt{1+\left(\dfrac{da_x}{dx}\right)^2}}; \quad \varrho\cdot\sin\alpha = \frac{\dfrac{da_x}{dx}\left[1+\left(\dfrac{da_x}{dx}\right)^2\right]}{\dfrac{d^2a_x}{dx^2}}; \quad \varrho\cdot\cos\alpha = \frac{1+\left(\dfrac{da_x}{dx}\right)^2}{\dfrac{d^2a_x}{dx^2}}.$$

Ferner ist:

$$\lim_{\Delta\varphi\to 0}\frac{\Delta x}{\Delta\varphi} = \lim_{\Delta\varphi\to 0}\frac{\Delta x}{\Delta s}\cdot\frac{\Delta s}{\Delta\varphi} = \lim_{\Delta\varphi\to 0}\frac{\Delta x}{\Delta s}\cdot\lim_{\Delta\varphi\to 0}\frac{\Delta s}{\Delta\varphi} = \varrho\cdot\cos\alpha.$$

Nach Division durch $\Delta\varphi$ lauten die Differentialgleichungen:

$$D_x + \gamma \cdot h_x \frac{a'_x(1+a'^2_x)}{a''_x} - p_{h(x)} \cdot \frac{1+a'^2_x}{a''_x} = 0,$$

$$- D'_x \cdot \frac{1+a'^2_x}{a''_x} + \gamma \cdot h_x \cdot \frac{1+a'^2_x}{a''_x} + p_{h(x)} \cdot \frac{a'_x(1+a'^2_x)}{a''_x} = 0$$

oder mit Einführung von $p_{h(x)} \cdot \dfrac{1+a'^2_x}{a''_x}$ aus der ersten Gleichung in die zweite:

$$D_x \cdot a'_x - D'_x \cdot \frac{1+a'^2_x}{a''_x} + \gamma \cdot h_x \cdot \frac{(1+a'^2_x)^2}{a''_x} = 0. \tag{5}$$

Ist D_x bekannt, so folgt $p_{h(x)}$ zu:

$$p_{h(x)} = \gamma \cdot h_x a'_x + D_x \cdot \frac{a''_x}{1+a'^2_x} . \tag{6}$$

Die Lösung von Gleichung (5) kann unmittelbar vorgenommen werden. Betrachtet man zunächst die homogene Gleichung:

$$D_x \cdot a'_x - D'_x \cdot \frac{1+a'^2_x}{a''_x} = 0 \ \text{ oder } \ D'_x = D_x \frac{a'_x a''_x}{1+a'^2_x} = D_x \cdot \frac{1}{2} \cdot \frac{2\,a'_x\,a''_x}{1+a'^2_x},$$

$$D'_x = \frac{1}{2} \cdot D_x \cdot \frac{d}{dx} \cdot \ln(1+a'^2_x); \qquad \frac{dD_x}{D_x} = \frac{1}{2} \cdot d \cdot \ln(1+a'^2_x)$$

oder

$$\ln D_x = \frac{1}{2} \cdot \ln(1+a'^2_x) + \ln C_x,$$

$$D_x = C_x \cdot \sqrt{1+a'^2_x}; \qquad D'_x = C'_x \cdot \sqrt{1+a'^2_x} + C_x \cdot \frac{a'_x a''_x}{1+a'^2_x},$$

damit erhält man für C_x die folgende Differentialgleichung:

$$- C'_x \cdot \sqrt{1+a'^2_x} \cdot \frac{1+a'^2_x}{a''_x} = - \gamma \cdot h_x \cdot \frac{(1+a'^2_x)^2}{a''_x},$$

$$C_x = \int \gamma \cdot h_x \cdot \sqrt{1+a'^2_x} \cdot dx + K .$$

Schließlich folgt für D_x:

$$D_x = K\sqrt{1+a'^2_x} + \sqrt{1+a'^2_x} \cdot \int \gamma \cdot h_x \cdot \sqrt{1+a'^2_x} \cdot dx . \tag{7}$$

Sodann folgt für $p_{h(x)}$:

$$p_{h(x)} = \gamma \cdot h_x \cdot a'_x + K \cdot \frac{a''_x}{\sqrt{1+a'^2_x}} + \frac{a''_x}{\sqrt{1+a'^2_x}} \cdot \int \gamma \cdot h_x \cdot \sqrt{1+a'^2_x} \cdot dx . \tag{8}$$

Für $x = 0$ wird der Integralausdruck Null, da h_x wie auch $\sqrt{1+a'^2_x}$ sich in eine Potenzreihe nach steigenden Potenzen von x entwickeln lassen. Für $x = 0$ ist:

$$D_0 = G_0\sqrt{1+a'^2_0} = K\sqrt{1+a'^2_0} \ \text{ also } \ K = G_0 .$$

Wird dieser Wert in (7) und (8) eingesetzt, ergibt sich:

$$D_x = \sqrt{1 + a_x'^2}\,\left(G_0 + \int \gamma \cdot h_x \sqrt{1 + a_x'^2}\,dx\right), \tag{9}$$

$$p_{h\,(x)} = \gamma \cdot h_x \cdot a_x' + \frac{a_x''}{\sqrt{1 + a_x'^2}}\left(G_0 + \int \gamma \cdot h_x \cdot \sqrt{1 + a_x'^2}\,dx\right). \tag{10}$$

Für unsere Zwecke kann $\sqrt{1 + a_x'^2}$ gegen die Einheit vernachlässigt werden. In diesem Falle ergeben sich die Sonderformeln:

$$D_x = G_0 + \int \gamma \cdot h_x \cdot dx, \tag{11}$$

$$p_{h\,(x)} = \gamma \cdot h_x \cdot a_x' + a_x''\left(G_0 + \int \gamma \cdot h_x \cdot dx\right). \tag{12}$$

$$D_0 = G_0, \tag{13} \qquad\qquad D_{(+\,l)} = G_{(+\,l)}, \tag{14}$$

$$T_0 = G_0 \cdot a_0', \tag{15} \qquad\qquad T_{(+\,l)} = G_{(+\,l)} \cdot a_{(+\,l)}'. \tag{16}$$

Durch die vorstehenden Gleichgewichtsbetrachtungen an der bie-
gungsfreien Schale wurde es möglich, die zur Stützung der Schale zunächst angebrachte (tatsächlich nicht vorhandene) Belastung $p_{h\,(x)}$ sowie die Auflagerreaktionen zu bestimmen. Um diese tatsächlich **nicht vorhandene** Belastung $p_{h\,(x)}$ wieder verschwinden zu lassen, wird noch ein zweiter Spannungszustand überlagert (Abb. 33), welcher zusammen mit den durch (11) bis (16) gegebenen Spannungskomponenten die vorgegebenen Randbedingungen erfüllen muß. Es braucht dieses erst bei der Bestimmung der Integrationskonstanten berücksichtigt zu werden.

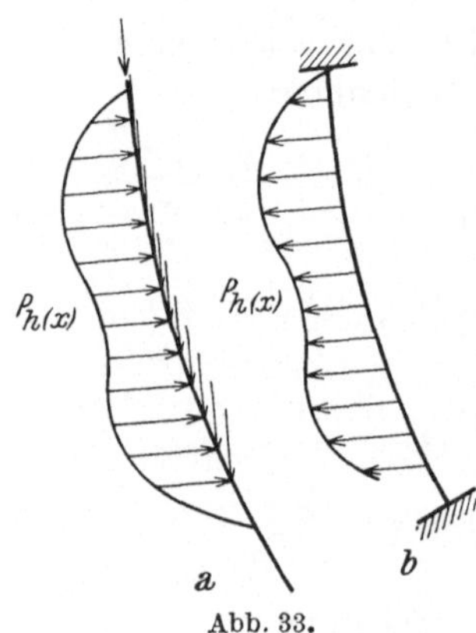

Abb. 33.

Analog zu den Gleichungen (1) bis (4) erhält man, wenn sinngemäß an Stelle von $-p_{h,w}$ jetzt $p_{h\,(x)}$ gesetzt wird:

$$\frac{d^2 b_x}{d x^2} - \frac{s_\varphi}{a_x} = -\gamma \cdot h_x \cdot a_x' - a_x''\left(G_0 + \int \gamma \cdot h_x \cdot dx\right); \tag{17}$$

$$s_\varphi = h_x \cdot E \cdot \frac{w}{a_x}; \tag{18}$$

$$\frac{d^2 b_x}{d x^2} = -\frac{E}{1 - v^2}\left(J_s \cdot \frac{d^4 w}{d x^4} + 2 \cdot \frac{d J_s}{d x} \cdot \frac{d^3 w}{d x^3} + \frac{d^2 J_s}{d x^2} \cdot \frac{d^2 w}{d x^2}\right); \tag{19}$$

$$\frac{J_s}{1 - v^2} \cdot \frac{d^4 x}{d x^4} + \frac{2 J_s'}{1 - v^2} \cdot \frac{d^3 w}{d x^3} + \frac{J_s''}{1 - v^2} \cdot \frac{d^2 w}{d x^2} + \frac{h_x}{a_x^2} \cdot w$$

$$= \frac{1}{E}\left[\gamma \cdot h_x\,a_x' + a_x''\left(G_0 + \int \gamma \cdot h_x \cdot dx\right)\right]. \tag{20}$$

Damit sind sämtliche allgemeinen Beziehungen aufgestellt, welche zur Lösung des Spannungszustandes benötigt werden.

In völlig analoger Weise kann die senkrechte Komponente des Wasserdruckes behandelt werden. In den abgeleiteten Gleichungen ist überall statt $\gamma \cdot h_x$ nunmehr $p_{v,w}$ zu setzen. Die homogene Gleichung für w ist in allen Fällen die gleiche. Es empfiehlt sich, hier an Stelle einer Lösung in geschlossener Form sich der Darstellung mittels konvergierender Reihen zu bedienen, bei der sich ja durch geeignete Wahl der Gliederzahl jedes gewünschte Genauigkeitsmaß erreichen läßt.

Für die weitere Entwicklung empfiehlt sich die Einführung einer dimensionslosen Veränderlichen:

$$\xi = \frac{x}{l} \ .$$

Damit ergibt sich:

$$w'_x = w'_\xi \cdot \frac{d\xi}{dx} = \frac{1}{l} \cdot w'_\xi ; \qquad w''_x = w''_\xi \left(\frac{d\xi}{dx}\right)^2 = \frac{1}{l^2} \cdot w''_\xi ;$$

$$w'''_x = w'''_\xi \cdot \left(\frac{d\xi}{dx}\right)^3 = \frac{1}{l^3} \cdot w'''_\xi ; \qquad w''''_x = w''''_\xi \cdot \left(\frac{d\xi}{dx}\right)^4 = \frac{1}{l^4} \cdot w''''_\xi ;$$

$$\frac{J_s}{1-\nu^2} \cdot \frac{d^4 w}{d\xi^4} + \frac{2 J'_x}{1-\nu^2} \cdot \frac{d^3 w}{d\xi^3} + \frac{J''_x}{1-\nu^2} \frac{d^2 w}{d\xi^2} + \frac{h_\xi \cdot l^4}{a_\xi^2} \cdot w = 0 \ . \qquad (21)$$

Die in (21) auftretenden Ausdrücke seien in folgender Form, welche für die meisten Fälle der Praxis ausreichen dürfte, gegeben:

$$\left. \begin{aligned} \frac{J_s}{1-\nu^2} &= a_0 + a_1 \xi + a_2 \xi^2 ; \\[2mm] \frac{2 J'_x}{1-\nu^2} &= 2\,(a_1 + 2\,a_2 \xi) ; \\[2mm] \frac{J''_x}{1-\nu^2} &= 2\,a_2 ; \\[2mm] \frac{h_\xi\, l^4}{a_\xi^2} &= b_0 + b_1 \xi + b_2 \xi^2 \ . \end{aligned} \right\} \qquad (21\,\mathrm{a})$$

In Gleichung (21) eingesetzt, ergibt sich:

$$(a_0 + a_1 \xi + a_2 \xi^2) \frac{d^4 w}{d\xi^4} + 2\,(a_1 + 2\,a_2 \xi) \frac{d^3 w}{d\xi^3} + 2\,a_2 \frac{d^2 w}{d\xi^2}$$
$$+ (b_0 + b_1 \xi + b_2 \xi^2) \cdot w = 0 \ . \qquad (22)$$

Es sei nun:

$$w = \sum_{\lambda=0}^{\infty} C_\lambda \cdot \xi^\lambda ,$$

worin C_λ von ξ unabhängige Größen bedeuten.

Durch Differentiation folgt:

$$w' = \sum_{\lambda=1}^{\infty} \lambda \cdot C_\lambda \cdot \xi^{\lambda-1} ,$$

$$w'' = \sum_{\lambda=2}^{\infty} \lambda\,(\lambda-1) \cdot C_\lambda \cdot \xi^{\lambda-2} ,$$

$$w''' = \sum_{\lambda=3}^{\infty} \lambda \cdot (\lambda-1)\,(\lambda-2) \cdot C_\lambda \cdot \xi^{\lambda-3} ,$$

$$w'''' = \sum_{\lambda=4}^{\infty} \lambda\,(\lambda-1)\,(\lambda-2)\,(\lambda-3) \cdot C_\lambda \cdot \xi^{\lambda-4} .$$

Setzt man die so ermittelten Werte in die Gleichung (22) ein, so erhält man:

$$(a_0 + a_1 \xi + a_2 \xi^2) \cdot \sum_{\lambda=4}^{\infty} \lambda (\lambda - 1)(\lambda - 2)(\lambda - 3) C_\lambda \cdot \xi^{\lambda-4}$$

$$+ (2 a_1 + 4 a_2 \xi) \cdot \sum_{\lambda=3}^{\infty} \lambda (\lambda - 1)(\lambda - 2) C_\lambda \cdot \xi^{\lambda-3}$$

$$+ 2 a_2 \cdot \sum_{\lambda=2}^{\infty} \lambda (\lambda - 1) \cdot C_\lambda \cdot \xi^{\lambda-2} + (b_0 + b_1 \xi + b_2 \xi^2) \cdot \sum_{\lambda=0}^{\infty} C_\lambda \cdot \xi^{\lambda} = 0$$

oder:

$$\sum_{\lambda=4}^{\infty} C_\lambda \cdot \xi^{\lambda-4} [\lambda (\lambda - 1)(\lambda - 2)(\lambda - 3) a_0]$$

$$+ \sum_{\lambda=4}^{\infty} C_\lambda \cdot \xi^{\lambda-3} [\lambda (\lambda - 1)(\lambda - 2)(\lambda - 3) a_1]$$

$$+ \sum_{\lambda=3}^{\infty} C_\lambda \cdot \xi^{\lambda-3} [\lambda (\lambda - 1)(\lambda - 2) 2 a_1]$$

$$+ \sum_{\lambda=4}^{\infty} C_\lambda \cdot \xi^{\lambda-2} [\lambda (\lambda - 1)(\lambda - 2)(\lambda - 3) a_2]$$

$$+ \sum_{\lambda=3}^{\infty} C_\lambda \cdot \xi^{\lambda-2} [\lambda (\lambda - 1)(\lambda - 2) 4 a_2] + \sum_{\lambda=2}^{\infty} C_\lambda \cdot \xi^{\lambda-2} [\lambda (\lambda - 1) 2 a_2]$$

$$+ \sum_{\lambda=0}^{\infty} C_\lambda \cdot \xi^{\lambda} \cdot b_0 + \sum_{\lambda=0}^{\infty} C_\lambda \cdot \xi^{\lambda+1} \cdot b_1 + \sum_{\lambda=0}^{\infty} C_\lambda \cdot \xi^{\lambda+2} \cdot b_2 = 0 \,.$$

Wird das Summenzeichen λ durch ein passend gewähltes Summenzeichen μ ersetzt, so daß die Summen immer von 0 bis ∞ laufen, so ergibt sich:

$$\sum_{0}^{\infty} C_{\mu+4} \cdot a_0 (\mu + 1)(\mu + 2)(\mu + 3)(\mu + 4) \xi^{\mu}$$

$$+ \sum_{0}^{\infty} C_{\mu+3} \cdot a_1 (\mu + 1)(\mu + 2)^2 (\mu + 3) \xi^{\mu}$$

$$+ \sum_{0}^{\infty} C_{\mu+2} \cdot a_2 (\mu + 1)^2 (\mu + 2)^2 \xi^{\mu} + \sum_{0}^{\infty} C_\mu \cdot b_0 \cdot \xi^{\mu} + \sum_{0}^{\infty} C_\mu \cdot b_1 \cdot \xi^{\mu+1}$$

$$+ \sum_{0}^{\infty} C_\mu \cdot b_2 \cdot \xi^{\mu+2} \equiv 0 \,.$$

Da diese Gleichung für alle Werte von ξ identisch erfüllt sein soll, so erhält man für die Ermittlung der Koeffizienten das durch (23) allgemein charakterisierte Gleichungssystem:

$$C_{\mu+4} \cdot a_0 (\mu + 1)(\mu + 2)(\mu + 3)(\mu + 4) + C_{\mu+3} \cdot a_1 (\mu + 1)(\mu + 2)^2 (\mu + 3)$$

$$+ C_{\mu+2} \cdot a_0 (\mu + 1)^2 (\mu + 2)^2 + C_\mu \cdot b_0 + C_{\mu-1} \cdot b_1 + C_{\mu-2} \cdot b_2 = 0$$

$$(\mu = 0, 1, 2, \ldots) \tag{23}$$

Man sieht sofort, daß sich alle Konstanten C_λ für $\lambda > 3$ durch die vier ersten Konstanten C_0, C_1, C_2, C_3 ausdrücken lassen.

$$C_4 \cdot a_0 \cdot 1 \cdot 2 \cdot 3 \cdot 4 + C_3 \cdot a_1 \cdot 1 \cdot 2^2 \cdot 3 + C_2 \cdot a_2 \cdot 1 \cdot 2^2 + C_0 \cdot b_0 + 0,$$

$$C_4 = - C_0 \cdot \frac{b_0}{4! \cdot a_0} - C_2 \cdot \frac{4\,a_2}{4! \cdot a_0} - C_3 \cdot \frac{12\,a_1}{4! \cdot a_0}. \tag{24}$$

$$C_5 \cdot a_0 \cdot 2 \cdot 3 \cdot 4 \cdot 5 + C_4 \cdot a_1 \cdot 2 \cdot 3^2 \cdot 4 + C_3 \cdot a_2 \cdot 2^2 \cdot 3^2 + C_1 \cdot b_0 + C_0 \cdot b_1 = 0,$$

$$C_5 = C_0 \left(\frac{3\,a_1 \cdot b_0}{5! \cdot a_0^2} - \frac{b_1}{5! \cdot a_0} \right) - C_1 \cdot \frac{b_0}{5! \cdot a_0} + C_2 \cdot \frac{12\,a_1 \cdot a_2}{5! \cdot a_0^2}$$

$$- C_3 \left(- \frac{3 \cdot 12\,a_1^2}{5! \cdot a_0^2} + \frac{3 \cdot 12\,a_2}{5! \cdot a_0} \right) \quad \text{usf.}$$

Nach Ermittlung einer genügenden Anzahl von Beiwerten C_λ kann die Lösung der homogenen Differentialgleichung:

$$w = \sum_{\lambda=0}^{\infty} C_\lambda \cdot \xi^\lambda = C_0 + C_1\,\xi + C_2\,\xi^2 + C_3\,\xi^3 + C_4\,\xi^4 + C_5\,\xi^5 + \cdots$$

nach den vier willkürlichen Konstanten C_0, C_1, C_2 und C_3 geordnet werden:

$$w = C_0 \cdot f_0(\xi) + C_1 \cdot f_1(\xi) + C_2 \cdot f_2(\xi) + C_3 \cdot f_3(\xi).$$

Bei der Ermittlung des partikulären Integrals genügt es für die Zwecke der Anwendung meist, das Störungsglied als eine Funktion 3. Grades von ξ einzuführen. Man erhält dann unter gleichzeitiger Berücksichtigung von (21a)

$$(a_0 + a_1\,\xi + a_2\,\xi^2) \frac{d^4 w}{d\xi^4} + 2\,(a_1 + 2\,a_2\,\xi) \frac{d^3 w}{d\xi^3} + 2\,a_2 \frac{d^2 w}{d\xi^2}$$

$$+ (b_0 + b_1\,\xi + b_2\,\xi^2)\,w = m_0 + m_1\,\xi + m_2\,\xi^2 + m_3\,\xi^3.$$

Da eine geschlossene Form der Lösung nicht gefunden werden konnte, wurde für w_p der Ansatz gemacht:

$$w_p = A_0 + A_1\,\xi + A_2\,\xi^2 + A_3\,\xi^3 + A_4\,\xi^4 + \cdots,$$

$$\frac{dw}{d\xi} = A_1 + 2 \cdot A_2\,\xi + 3 \cdot A_3\,\xi^2 + 4 \cdot A_4\,\xi^3 + 5 \cdot A_5\,\xi^4 + \cdots,$$

$$\frac{d^2 w}{d\xi^2} = 2 \cdot 1 \cdot A_2 + 3 \cdot 2 \cdot A_3\,\xi + 4 \cdot 3 \cdot A_4\,\xi^2 + 5 \cdot 4 \cdot A_5\,\xi^3 + \cdots,$$

$$\frac{d^3 w}{d\xi^3} = 3 \cdot 2 \cdot 1 \cdot A_3 + 4 \cdot 3 \cdot 2 \cdot A_4\,\xi + 5 \cdot 4 \cdot 3 \cdot A_5\,\xi^2 + 6 \cdot 5 \cdot 4 \cdot A_6\,\xi^3 + \cdots,$$

$$\frac{d^4 w}{d\xi^4} = 4 \cdot 3 \cdot 2 \cdot 1 \cdot A_4 + 5 \cdot 4 \cdot 3 \cdot 2 \cdot A_5\,\xi + 6 \cdot 5 \cdot 4 \cdot 3 \cdot A_6\,\xi^2 + \cdots$$

In obige Gleichung eingesetzt, erhält man:

$$(a_0 + a_1\,\xi + a_2\,\xi^2) \cdot [4 \cdot 3 \cdot 2 \cdot 1 \cdot A_4 + 5 \cdot 4 \cdot 3 \cdot 2 \cdot A_5\,\xi + 6 \cdot 5 \cdot 4 \cdot 3 \cdot A_6\,\xi^2 + \cdots]$$

$$+ (2\,a_1 + 4\,a_2\,\xi) \quad \cdot [\; 3 \cdot 2 \cdot 1 \cdot A_3 + 4 \cdot 3 \cdot 2 \cdot A_4\,\xi + 5 \cdot 4 \cdot 3 \cdot A_5\,\xi^2 + \cdots]$$

$$+ 2\,a_2 \qquad \cdot [\; 2 \cdot 1 \cdot A_2 + 3 \cdot 2 \cdot A_3\,\xi + 4 \cdot 3 \cdot A_4\,\xi^2 + 5 \cdot 4 \cdot A_5\,\xi^3 + \cdots]$$

$$+ (b_0 + b_1\,\xi + b_2\,\xi^2) \cdot [\; A_0 + A_1\,\xi + A_2\,\xi^2 + A_3\,\xi^3 + \cdots]$$

$$= m_0 + m_1\,\xi + m_2\,\xi^2\,m_3\,\xi^3.$$

Nach Auflösen der Klammern und Ordnen der Glieder erhält man folgende Bestimmungsgleichungen für die Ermittlung des Koeffizienten A_i:

$$
\left.\begin{aligned}
4\cdot3\cdot2\cdot1\cdot a_0 A_4 + \quad 3\cdot2\cdot2\cdot a_1 A_3 + \quad\ \ 2\cdot2\cdot a_2 A_2 + b_0 A_0 \qquad\qquad &= m_0, \\[2pt]
5\cdot4\cdot3\cdot2\cdot a_0 A_5 + 4\cdot3\cdot2\cdot1\cdot a_1 A_4 + 4\cdot3\cdot2\cdot2\cdot a_1 A_4 + 3\cdot2\cdot2\cdot a_2 A_3 & \\[2pt]
+\, b_0 A_1 + b_1 A_0 &= m_1, \\[2pt]
6\cdot5\cdot4\cdot3\cdot a_0 A_6 + 5\cdot4\cdot3\cdot2\cdot a_1 A_5 + 4\cdot3\cdot2\cdot1\cdot a_2 A_4 + 5\cdot4\cdot3\cdot2\cdot a_1 A_5 & \\[2pt]
+\, 4\cdot3\cdot2\cdot4\cdot a_2 A_4 + \quad 4\cdot3\cdot2\cdot a_2 A_4 + b_0 A_2 + b_1 A_1 + b_2 A_4 &= m_2, \\[2pt]
7\cdot6\cdot5\cdot4\cdot a_6 A_7 + 6\cdot5\cdot4\cdot3\cdot a_1 A_6 + 5\cdot4\cdot3\cdot2\cdot a_2 A_5 + 6\cdot5\cdot4\cdot2\cdot a_1 A_4 & \\[2pt]
+\, 5\cdot4\cdot3\cdot4\cdot a_2 A_5 + \quad 5\cdot4\cdot2\cdot a_2 A_5 + b_0 A_0 + b_1 A_2 + b_2 A_1 &= m_3, \\[2pt]
8\cdot7\cdot6\cdot5\cdot a_0 A_8 + 7\cdot6\cdot5\cdot4\cdot a_1 A_7 + 6\cdot5\cdot4\cdot3\cdot a_2 A_6 + 7\cdot6\cdot5\cdot2\cdot a_1 A_7 & \\[2pt]
+\, 6\cdot5\cdot4\cdot4\cdot a_2 A_6 + \quad 6\cdot5\cdot2\cdot a_2 A_5 + b_0 A_4 + b_1 A_3 + b_2 A_2 &= 0, \\[2pt]
9\cdot8\cdot7\cdot6\cdot a_0 A_9 + 8\cdot7\cdot6\cdot5\cdot a_1 A_8 + 7\cdot6\cdot5\cdot4\cdot a_2 A_7 + 8\cdot7\cdot6\cdot2\cdot a_1 A_8 & \\[2pt]
+\, 7\cdot6\cdot5\cdot4\cdot a_2 A_7 + \quad 7\cdot6\cdot2\cdot a_2 A_7 + b_0 A_5 + b_1 A_4 + b_2 A_3 &= 0
\end{aligned}\ \right\} \quad (25)
$$

usw.

Über vier Koeffizienten kann man willkürlich verfügen. Es soll gesetzt werden:

$$A_0 = A_1 = A_2 = A_3 = 0,$$

damit die Berechnung der Koeffizienten möglichst vereinfacht wird. Man erhält dann aus der ersten der Gleichungen (25)

$$A_4 = \frac{m_0}{4!\cdot a_0}.$$

Nach Einführung dieses Wertes in die zweite der Gleichungen (25) kann A_5 bestimmt werden:

$$A_5 = \frac{m_1}{5!\cdot a_0} - \frac{3\cdot m_0 a_1}{5!\cdot a_0^2}$$

usw.

Die Reihe, durch die das partikuläre Integral der Differentialgleichung approximiert wurde, nimmt dann folgende Form an:

$$w_p = \varphi(\xi) = A_4\,\xi^4 + A_5\,\xi^5 + A_6\,\xi^6 + A_7\,\xi^7 + \cdots,$$

wobei für die Koeffizienten A_4, A_5 usw. die oben ermittelten Ausdrücke einzusetzen sind.

Da die vorstehende Lösung für das partikuläre Integral immerhin doch recht unbequem zu handhaben ist, sei noch die Lösung nach einem Näherungsverfahren gegeben.

Wir approximieren zu diesem Zwecke das partikuläre Integral nicht durch eine unendliche Reihe, sondern durch eine ganze rationale Funktion, von der gefordert wird, daß sie sich innerhalb eines ge-

wissen Bereiches der tatsächlichen Biegelinie möglichst gut anschmiegen
soll.

Dieses Verfahren ist berechtigt, wenn man den zu untersuchenden
funktionellen Zusammenhang als durch eine glatt verlaufende Kurve
darstellbar annehmen darf.

Die Differentialgleichung lautete:

$$(a_0 + a_1 \xi + a_2 \xi^2) \frac{d^4 w}{d \xi^4} + 2 (a_1 + 2 a_2 \xi) \frac{d^3 w}{d \xi^3} + 2 a_2 \cdot \frac{d^2 w}{d \xi^2}$$

$$+ (b_0 + b_1 \xi + b_2 \xi^2)\, w = m_0 + m_1 \xi + m_2 \xi^2 + m_3 \xi^3 \qquad (26)$$

oder in abgekürzter Schreibweise:

$$L \overline{L} (w_p) = m_0 + m_1 \xi + m_2 \xi^2 + m_3 \xi^3 .$$

Es soll nun der Ansatz gemacht werden·

$$w_p = \alpha_0 + \alpha_1 \xi + \alpha_2 \xi^2 + \cdots + \alpha_n \xi^n .$$

Die $n + 1$ Koeffizienten α_i sollen dabei so gewählt werden, daß das
Integral für die Fehlerquadrate:

$$M = \int_0^1 [LL (w_p) - (m_0 + m_1 \xi + m_2 \xi^2 + m_3 \xi^3)]^2 \cdot d\xi$$

einen möglichst kleinen Wert bekommt. Die Grenzen $\xi = 0$ und $\zeta = 1$
bezeichnen das Intervall, innerhalb dessen w_p durch die ganze rationale
Funktion dargestellt werden muß.

Die Forderung, M zum Minimum zu machen, kommt darauf hinaus,
das Quadrat der Abweichungen und damit diese selbst im Durchschnitt
möglichst niedrig zu halten. Das kann man als eine gute Bedingung der
Approximation gelten lassen.

Bei einmal gewählter Gliederzahl n der ganzen rationalen Funktion
ist M eine Funktion der Koeffizienten $\alpha_0, \alpha_1 \ldots \alpha_n$, und man erhält
das Minimum in bekannter Weise durch Nullsetzen der partiellen
Differentialquotienten:

$$\frac{\partial M}{\partial \alpha_i} = 0 \qquad (i = 0, 1, 2, \ldots, n) .$$

Das gibt gerade $n + 1$ lineare Gleichungen für die α_i.

Für den vorliegenden Fall kann man sich mit einer Approximation
durch eine ganze rationale Funktion zweiten Grades begnügen, es genügt also der Ansatz:

$$w_p = \alpha_0 + \alpha_1 \xi + \alpha_2 \xi^2 . \qquad (27)$$

Da man nach α_i partiell zu differentiieren hat, kann die Differentiation unter dem Integralzeichen vorgenommen werden:

$$\int_0^1 [L\overline{L}(w_p) - (m_0 + m_1\xi + m_2\xi + m_3\xi^3)] \cdot \frac{\partial L\overline{L}(w_p)}{\partial \alpha_i} \cdot d\xi = 0$$

oder:

$$\int_0^1 L\overline{L}(w_p) \cdot \frac{\partial L\overline{L}(w_p)}{\partial \alpha_i} \cdot d\xi = \int_0^1 (m_0 + m_1\xi + m_2\xi^2 + m_3\xi^3) \cdot \frac{\partial L\overline{L}(w_p)}{\partial \alpha_i} \cdot d\xi.$$

Es soll nun die Entwicklung im einzelnen durchgeführt werden. Hierbei ergibt sich:

$$L\overline{L}(w_p) = \alpha_0(b_0 + b_1\xi + b_2\xi^2) + \alpha_1(b_0\xi + b_1\xi^2 + b_2\xi^3)$$
$$+ \alpha_2(4a_2 + b_0\xi^2 + b_1\xi^3 + b_2\xi^4)$$

und

$$\frac{\partial L\overline{L}(w_p)}{\partial \alpha_0} = b_0 + b_1\xi + b_2\xi^2;$$

$$\frac{\partial L\overline{L}(w_p)}{\partial \alpha_1} = b_0\xi + b_1\xi^2 + b_2\xi^3;$$

$$\frac{\partial L\overline{L}(w_p)}{\partial \alpha_2} = 4 \cdot a_2 + b_0\xi^2 + b_1\xi^3 + b_2\xi^4.$$

Die drei Gleichungen zur Bestimmung der Koeffizienten α_i nehmen folgende Gestalt an:

$$\int_0^1 [\alpha_0(b_0 + b_1\xi + b_2\xi^2) + \alpha_1(b_0\xi + b_1\xi^2 + b_2\xi^3)$$
$$+ \alpha_2(4a_2 + b_0\xi^2 + b_1\xi^3 + b_2\xi^4)] \cdot (b_0 + b_1\xi + b_2\xi^2)\, d\xi$$
$$= \int_0^1 (m_0 + m_1\xi + m_2\xi^2 + m_3\xi^3)(b_0 + b_1\xi + b_2\xi^2)\, d\xi;$$

$$\int_0^1 [\alpha_0(b_0 + b_1\xi + b_2\xi^2) + \alpha_1(b_0\xi + b_1\xi^2 + b_2\xi^3)$$
$$+ \alpha_2(4a_2 + b_0\xi^2 + b_1\xi^3 + b_2\xi^4)] \cdot (b_0\xi + b_1\xi^2 + b_2\xi^3)\, d\xi$$
$$= \int_0^1 (m_0 + m_1\xi + m_2\xi^2 + m_3\xi^3)(b_0\xi + b_1\xi^2 + b_2\xi^3)\, d\xi;$$

$$\int_0^1 [\alpha_0(b_0 + b_1\xi + b_2\xi^2) + \alpha_1(b_0\xi + b_1\xi^2 + b_2\xi^3)$$
$$+ \alpha_2(4a_2 + b_0\xi^2 + b_1\xi^3 + b_2\xi^4)] \cdot (4a_2 + b_0\xi^2 + b_1\xi^3 + b_2\xi^4)\, d\xi$$
$$= \int_0^1 (m_0 + m_1\xi + m_2\xi^2 + m_3\xi^3)(4a_2 + b_0\xi^2 + b_1\xi^3 + b_2\xi^4)\, d\xi.$$

Nach Durchführung der Integration und Einsetzen der Grenzen nehmen die drei Bestimmungsgleichungen die Form an:

$$\alpha_0 \cdot \left[b_0^2 + b_0 b_1 + \frac{2}{3} b_0 b_2 + \frac{1}{3} b_1^2 + \frac{1}{2} b_1 b_2 + \frac{1}{5} b_2^2 \right]$$

$$+ \alpha_1 \cdot \left[\frac{1}{2} b_0^2 + \frac{2}{3} b_0 b_1 + \frac{1}{2} b_0 b_2 + \frac{1}{4} b_1^2 + \frac{2}{5} b_1 b_2 + \frac{1}{6} b_2^2 \right]$$

$$+ \alpha_2 \cdot \left[4 a_2 b_0 + 2 a_2 b_1 + \frac{4}{3} a_2 b_2 + \frac{1}{3} b_0^2 + \frac{1}{2} b_0 b_1 + \frac{2}{5} b_0 b_2 \right.$$
$$\left. + \frac{1}{5} b_1^2 + \frac{1}{3} b_1 b_2 + \frac{1}{7} b_2^2 \right]$$

$$= m_0 \left(b_0 + \frac{1}{2} b_1 + \frac{1}{3} b_2 \right) + m_1 \left(\frac{1}{2} b_0 + \frac{1}{3} b_1 + \frac{1}{4} b_2 \right)$$

$$+ m_2 \left(\frac{1}{3} b_0 + \frac{1}{4} b_1 + \frac{1}{5} b_2 \right) + m_3 \left(\frac{1}{4} b_0 + \frac{1}{5} b_1 + \frac{1}{6} b_2 \right);$$

$$\alpha_0 \cdot \left[\frac{1}{2} b_0^2 + \frac{2}{3} b_0 b_1 + \frac{1}{2} b_0 b_2 + \frac{1}{4} b_1^2 + \frac{2}{5} b_1 b_2 + \frac{1}{6} b_2^2 \right]$$

$$+ \alpha_1 \cdot \left[\frac{1}{3} b_0^2 + \frac{1}{2} b_0 b_1 + \frac{2}{5} b_0 b_2 + \frac{1}{5} b_1^2 + \frac{1}{3} b_1 b_2 + \frac{1}{7} b_2^2 \right]$$

$$+ \alpha_2 \cdot \left[2 a_2 b_0 + \frac{4}{3} a_2 b_1 + a_2 b_2 + \frac{1}{4} b_0^2 + \frac{2}{5} b_0 b_1 + \frac{1}{3} b_0 b_2 \right.$$
$$\left. + \frac{1}{6} b_1^2 + \frac{2}{7} b_1 b_2 + \frac{1}{8} b_2^2 \right]$$

$$= m_0 \left(\frac{1}{2} b_0 + \frac{1}{3} b_1 + \frac{1}{4} b_2 \right) + m_1 \left(\frac{1}{3} b_0 + \frac{1}{4} b_1 + \frac{1}{5} b_2 \right)$$

$$+ m_2 \left(\frac{1}{4} b_0 + \frac{1}{5} b_1 + \frac{1}{6} b_2 \right) + m_3 \left(\frac{1}{5} b_0 + \frac{1}{6} b_1 + \frac{1}{7} b_2 \right); \tag{28}$$

$$\alpha_0 \left[4 a_2 b_0 + 2 a_2 b_1 + \frac{4}{3} a_2 b_2 + \frac{1}{3} b_0^2 + \frac{1}{2} b_0 b_1 + \frac{2}{5} b_0 b_2 \right.$$
$$\left. + \frac{1}{5} b_1^2 + \frac{1}{3} b_1 b_2 + \frac{1}{7} b_2^2 \right]$$

$$+ \alpha_1 \cdot \left[2 a_2 b_0 + \frac{4}{3} a_2 b_1 + a_2 b_2 + \frac{1}{4} b_0^2 + \frac{2}{5} b_0 b_1 + \frac{1}{3} b_0 b_2 \right.$$
$$\left. + \frac{1}{6} b_1^2 + \frac{2}{7} b_1 b_2 + \frac{1}{8} b_2^2 \right]$$

$$+ \alpha_2 \cdot \left[16 a_2^2 + \frac{8}{3} a_2 b_0 + 2 a_2 b_1 + \frac{8}{5} a_2 b_2 + \frac{1}{5} b_0^2 + \frac{1}{3} b_0 b_1 \right.$$
$$\left. + \frac{2}{7} b_0 b_2 + \frac{1}{7} b_1^2 + \frac{1}{4} b_1 b_2 + \frac{1}{9} b_2^2 \right]$$

$$= m_0 \left(4 a_2 + \frac{1}{3} b_0 + \frac{1}{4} b_1 + \frac{1}{5} b_2 \right)$$

$$+ m_1 \left(2 a_2 + \frac{1}{4} b_0 + \frac{1}{5} b_1 + \frac{1}{6} b_2 \right)$$

$$+ m_2 \left(\frac{4}{3} a_2 + \frac{1}{5} b_0 + \frac{1}{6} b_1 + \frac{1}{7} b_2 \right)$$

$$+ m_3 \left(a_2 + \frac{1}{6} b_0 + \frac{1}{7} b_1 + \frac{1}{8} b_2 \right).$$

Wie schon eingangs hervorgehoben wurde, dürfte sich für die praktische Anwendung die zweite Methode infolge ihrer einfacheren Handhabung empfehlen.

c) Zahlenbeispiel.

An Hand eines Zahlenbeispiels soll nun die praktische Anwendung des eben entwickelten Verfahrens zur Ermittlung der Spannungen in einer Saugrohrglocke vorgeführt werden. Da bei der Aufstellung der Gleichungen die Beziehungen zwischen den Abmessungen in allgemeiner Form eingeführt wurden, so wird sich zeigen, daß ein großer Teil der Glieder in Fortfall kommt. Die Rechenarbeit wird sich daher ganz wesentlich vereinfachen.

Da man aus z. T. schon erörterten konstruktiven Gründen den Wandungen der Saugrohrglocke beträchtliche Abmessungen geben wird, so kommt es weniger darauf an, die Absolutwerte der in der Saugrohrglocke auftretenden Kräfte und Biegungsmomente zu ermitteln, vielmehr ist es von Interesse, ein Gesamtbild des Spannungszustandes in diesem Konstruktionsteil zu erhalten, um auf Grund desselben die Bewehrung so zweckmäßig wie möglich anzuordnen.

Außerdem wird die Durchrechnung dieses Zahlenbeispiels zeigen, daß die Überleitung der schweren Auflasten durch die Wandungen der Saugrohrglocke keinerlei bautechnische Schwierigkeiten mit sich bringt, da infolge der günstigen statischen Wirkung des Systems die Biegungsmomente in mäßigen Grenzen bleiben.

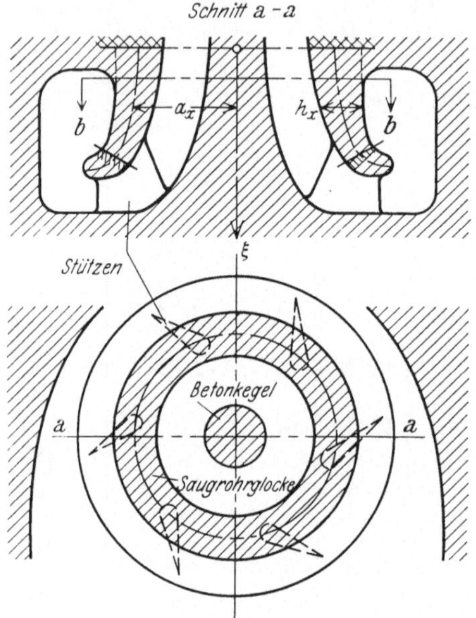

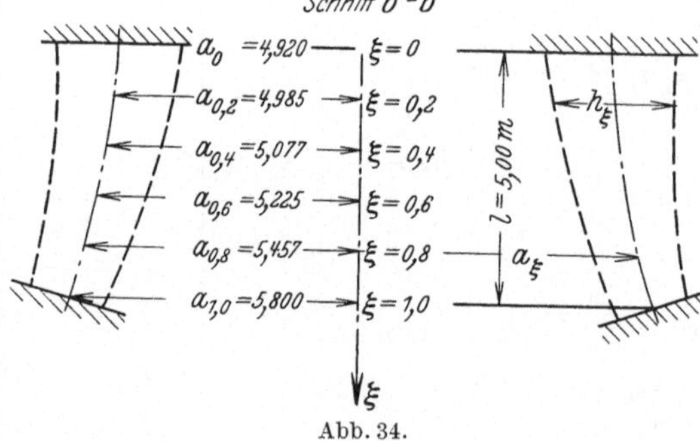

Abb. 34.

Das in Abb. 34 dargestellte Saugrohr stimmt in seinen Abmessungen ungefähr mit einem Saugrohr überein, das für ein Großkraftwerk entworfen wurde.

In untenstehender Tabelle sind alle Abmessungen der Saugrohrglocke, die für die weitere Berechnung gebraucht werden, übersichtlich
zusammengestellt.

Tabelle 1.

Stelle	Radius a_ξ in m	a_ξ^2 in m²	Dicke h_ξ in m	$J_s = \dfrac{h^3}{12}$ in m⁴	$\dfrac{l^4 \, h_\xi}{a_\xi^2}$
$\xi = 0$	4,920	24,20	2,560	1,398	66,1
$\xi = 0,2$	4,985	24,84	2,425	1,188	61,0
$\xi = 0,4$	5,077	25,82	2,265	0,967	54,8
$\xi = 0,6$	5,225	27,35	2,070	0,740	47,3
$\xi = 0,8$	5,457	29,80	1,830	0,512	38,4
$\xi = 1,0$	5,800	33,60	1,540	0,304	28,65

Auf Grund dieser Werte gelten für den funktionellen Zusammenhang
folgende Ansätze:

$$a_\xi = 4{,}92 + 0{,}3\,\xi + 0{,}58\,\xi^2; \tag{29}$$

$$\frac{J_s}{1 - v^2} = 1{,}4 - 1{,}1\,\xi = a_0 + a_1\,\xi; \tag{30}$$

$$h_\xi = 2{,}56 - 0{,}54\,\xi - 0{,}48\,\xi^2; \tag{31}$$

$$\frac{l^4 \, h_\xi}{a_\xi^2} = 66{,}1 - 21{,}8\,\xi - 15{,}65\,\xi^2 = b_0 + b_1\,\xi + b_2\,\xi^2 \tag{32}$$

Die hieraus hervorgehenden Werte: $a_0 = +1{,}4$; $a_1 = -1{,}1$ und
$a_2 = 0$ aus Gleichung (30) sowie $b_0 = +66{,}1$; $b_1 = -21{,}8$ und
$b_2 = -15{,}65$ aus Gleichung (32) werden in die im vorhergehenden
Abschnitt entwickelten Reihen eingesetzt.

Es ergibt sich:

$$
\begin{aligned}
f_0(\xi) = {}& 1 - \frac{1}{24} \cdot \frac{66{,}1}{1{,}4}\,\xi^4 + \left(-\frac{1}{40} \cdot \frac{1{,}1 \cdot 66{,}1}{1{,}4^2} + \frac{1}{120} \cdot \frac{21{,}8}{1{,}4} \right) \xi^5 \\
& - \left(\frac{1}{60} \cdot \frac{1{,}1^2 \cdot 66{,}1}{1{,}4^3} - \frac{1}{180} \cdot \frac{1{,}1 \cdot 21{,}8}{1{,}4^2} - \frac{1}{360} \cdot \frac{15{,}65}{1{,}4} \right) \xi^6 \\
& + \left(-\frac{1}{84} \cdot \frac{1{,}1^3 \cdot 66{,}1}{1{,}4^4} + \frac{1}{252} \cdot \frac{1{,}1^2 \cdot 21{,}8}{1{,}4^3} + \frac{1}{504} \cdot \frac{1{,}1 \cdot 15{,}65}{1{,}4^2} \right) \xi^7 \\
& - \left(\frac{1}{112} \cdot \frac{1{,}1^4 \cdot 66{,}1}{1{,}4^5} - \frac{1}{336} \cdot \frac{1{,}1^3 \cdot 21{,}8}{1{,}4^4} - \frac{1}{672} \cdot \frac{1{,}1^2 \cdot 15{,}65}{1{,}4^3} \right. \\
& \left. - \frac{1}{40320} \cdot \frac{66{,}1^2}{1{,}4^2} \right) \xi^8 + \left(-\frac{1}{144} \cdot \frac{1{,}1^5 \cdot 66{,}1}{1{,}4^6} + \frac{1}{432} \cdot \frac{1{,}1^4 \cdot 21{,}8}{1{,}4^5} \right. \\
& \left. + \frac{1}{864} \cdot \frac{1{,}1^3 \cdot 15{,}65}{1{,}4^4} + \frac{1}{36288} \cdot \frac{1{,}1 \cdot 66{,}1^2}{1{,}4^3} - \frac{1}{60480} \cdot \frac{66{,}1 \cdot 21{,}8}{1{,}4^2} \right) \xi^9 \\
& - \left(\frac{1}{180} \cdot \frac{1{,}1^6 \cdot 66{,}1}{1{,}4^7} - \frac{1}{540} \cdot \frac{1{,}1^5 \cdot 21{,}8}{1{,}4^6} - \frac{1}{1080} \cdot \frac{1{,}1^4 \cdot 15{,}65}{1{,}4^5} \right. \\
& - \frac{23}{907200} \cdot \frac{1{,}1^2 \cdot 66{,}1^2}{1{,}4^4} + \frac{1}{51840} \cdot \frac{1{,}1 \cdot 66{,}1 \cdot 21{,}8}{1{,}4^3} \\
& \left. + \frac{1}{113400} \cdot \frac{66{,}1 \cdot 15{,}65}{1{,}4^2} - \frac{1}{604800} \cdot \frac{21{,}8^2}{1{,}4^2} \right) \xi^{10}
\end{aligned}
$$

$$+ \left(- \frac{1}{220} \cdot \frac{1{,}1^7 \cdot 66{,}1}{1{,}4^8} + \frac{1}{660} \cdot \frac{1{,}1^6 \cdot 21{,}8}{1{,}4^7} + \frac{1}{1320} \cdot \frac{1{,}1^5 \cdot 15{,}65}{1{,}4^6} \right.$$

$$+ \frac{37}{1663200} \cdot \frac{1{,}1^3 \cdot 66{,}1^2}{1{,}4^5} - \frac{367}{19958400} \cdot \frac{1{,}1^2 \cdot 66{,}1 \cdot 21{,}8}{1{,}4^4}$$

$$- \frac{97}{9979200} \cdot \frac{1{,}1 \cdot 66{,}1 \cdot 15{,}65}{1{,}4^3} + \frac{41}{19958400} \cdot \frac{1{,}1 \cdot 21{,}8^2}{1{,}4^3}$$

$$+ \frac{1}{907200} \cdot \frac{21{,}8 \cdot 15{,}65}{1{,}4^2} \right) \xi^{11} - \left(\frac{1}{264} \cdot \frac{1{,}1^8 \cdot 66{,}1}{1{,}4^9} \right.$$

$$- \frac{1}{792} \cdot \frac{1{,}1^7 \cdot 21{,}8}{1{,}4^8} - \frac{1}{1584} \cdot \frac{1{,}1^6 \cdot 15{,}65}{1{,}4^7} - \frac{1}{51840} \cdot \frac{1{,}1^4 \cdot 66{,}1^2}{1{,}4^6}$$

$$+ \frac{37}{23950080} \cdot \frac{1{,}1^3 \cdot 66{,}1 \cdot 21{,}8}{1{,}4^5} + \frac{1}{103680} \cdot \frac{1{,}1^2 \cdot 66{,}1 \cdot 15{,}65}{1{,}4^4}$$

$$- \frac{7}{3421440} \cdot \frac{1{,}1^2 \cdot 21{,}8^2}{1{,}4^4} - \frac{93}{59875200} \cdot \frac{1{,}1 \cdot 21{,}8 \cdot 15{,}65}{1{,}4^3}$$

$$+ \frac{1}{479001600} \cdot \frac{66{,}1^3}{1{,}4^3} - \frac{1}{4276800} \cdot \frac{15{,}65^2}{1{,}4^2} \right) \xi^{12} + \cdots$$

$$f_0(\xi) = 1 - 1{,}968\,\xi^4 - 0{,}7982\,\xi^5 - 0{,}38697\,\xi^6 - 0{,}21727\,\xi^7 - 0{,}07244\,\xi^8$$

$$- 0{,}04207\,\xi^9 - 0{,}02948\,\xi^{10} - 0{,}01587\,\xi^{11} - 0{,}004809\,\xi^{12} - \cdots$$

In derselben Weise werden sämtliche für die Berechnung notwendigen Zahlenausdrücke entwickelt. In untenstehender Tabelle 2 sind die so erhaltenen Funktionswerte für verschiedene ξ eingetragen.

Tabelle 2.

Stelle	$f_0(\xi)$	$f_1(\xi)$	$f_2(\xi)$	$f_3(\xi)$
$\xi = 0$	1,000	0	0	0
$\xi = 0{,}2$	$+ 0{,}9966$	$+ 0{,}1999$	$+ 0{,}0400$	$+ 0{,}0087$
$\xi = 0{,}4$	$+ 0{,}9394$	$+ 0{,}3951$	$+ 0{,}1693$	$+ 0{,}0770$
$\xi = 0{,}6$	$+ 0{,}6461$	$+ 0{,}5530$	$+ 0{,}3506$	$+ 0{,}2882$
$\xi = 0{,}8$	$- 0{,}2290$	$+ 0{,}5980$	$+ 0{,}5862$	$+ 0{,}7585$
$\xi = 1{,}0$	$- 2{,}5350$	$+ 0{,}2664$	$+ 0{,}7583$	$+ 1{,}6744$

Stelle	$f_0''(\xi)$	$f_1''(\xi)$	$f_2''(\xi)$	$f_3''(\xi)$
$\xi = 0$	0	0	2,0000	0
$\xi = 0{,}2$	$- 1{,}0845$	$- 0{,}0721$	$+ 1{,}9929$	$+ 1{,}4229$
$\xi = 0{,}4$	$- 5{,}2156$	$- 0{,}6782$	$+ 1{,}8672$	$+ 3{,}4651$
$\xi = 0{,}6$	$- 14{,}6293$	$- 2{,}8494$	$+ 1{,}1641$	$+ 6{,}4798$
$\xi = 0{,}8$	$- 33{,}4466$	$- 8{,}5706$	$- 1{,}1931$	$+ 10{,}6856$
$\xi = 1{,}0$	$- 72{,}4272$	$- 23{,}1778$	$- 8{,}1998$	$+ 17{,}4605$

Außerdem ist an den Rändern, d. h. für $\xi = 0$ und $\xi = 1$:

$$f_0'(0) = 0; \quad f_1'(0) = 1; \quad f_2'(0) = 0; \quad f_3'(0) = 0;$$

$$f_0'(1) = -17{,}1903; \quad f_1'(1) = -3{,}3750;$$

$$f_2'(0) = + 0{,}3340; \quad f_3'(1) = + 6{,}0837.$$

Bei der Ermittlung des partikulären Integrals sollen die einzelnen Belastungsfälle:

1. Auflast von oben,
2. Eigengewicht der Saugrohrglocke,
3. Lotrechte Komponente des Wasserdruckes,
4. Waagerechte Komponente des Wasserdruckes

voneinander getrennt werden.

Nach S. 76, Gleichung (20), lautet die Differentialgleichung für die Belastungsfälle 1 und 2:

$$\frac{J_s}{1-v^2}\cdot\frac{d^4w}{dx^4} + \frac{2\,J_s'}{1-v^2}\cdot\frac{d^3w}{dx^3} + \frac{J_s''}{1-v^2}\cdot\frac{d^2w}{dx^2} + \frac{'h_x}{a_x^2}\cdot w$$

$$= \frac{1}{E}\cdot\left[\gamma\,h_x\cdot a_x' + a_x''\left(G_0 + \int \gamma\cdot h_x\cdot dx\right)\right].$$

Hierbei ist $G_0 = 0$ zu setzen, falls vorausgesetzt wird, daß das ganze Eigengewicht der Glocke sich unten absetzt, andernfalls ist ein entsprechender Wert hierfür einzusetzen. Wird der Belastungsfall 1 betrachtet, so sind alle Glieder, die $\gamma\cdot h_x$ enthalten, gleich Null zu setzen, und unter G_0 ist die Auflast von oben zu verstehen. Die rechte Seite der Differentialgleichung nimmt dann folgende Form an:

$$R = \frac{1}{E}\cdot a_x''\cdot G_0\,.$$

Die lotrechte Komponente des Wasserdruckes kann genau so behandelt werden wie das Eigengewicht der Saugrohrglocke, es ist nur im Störungsglied an Stelle von $\gamma\cdot h_x$ der Wert $p_{v,w}$ einzusetzen und $G_0 = 0$ anzunehmen.

Für den Belastungsfall 4 gilt nach S. 73, Gleichung (4), die Differentialgleichung:

$$\frac{J_s}{1-v^2}\cdot\frac{d^4w}{dx^4} + \frac{2\,J_s'}{1-v^2}\cdot\frac{d^3w}{dx^3} + \frac{2\,J_s''}{1-v^2}\cdot\frac{d^2w}{dx^2} + \frac{h_x}{a_x^2}\cdot w = -\frac{1}{E}\,p_{h,w}\,.$$

Wenn wir nun die dimensionslose Veränderliche $\xi = \frac{x}{l}$ einführen, so erscheinen die rechten Seiten der Differentialgleichung in folgender Form:

Für den Belastungsfall 1:

$$R = \frac{l^2}{E}\,a_\xi''\cdot G_0\,.$$

Für den Belastungsfall 2:

$$R = \frac{l^4}{E}\cdot\left[\frac{\gamma}{l}\,h_\xi\cdot a_\xi' + \frac{a_\xi''}{l^2}\cdot\left(G_0 + \gamma\cdot l\cdot\int h_\xi\cdot d\xi\right)\right].$$

Für den Belastungsfall 3:

$$R = \frac{l^4}{E}\left[p_{v,w}\cdot\frac{a_\xi'}{l} + \frac{a_\xi''}{l}\int p_{v,w}\cdot d\xi\right].$$

Für den Belastungsfall 4:

$$R = -\frac{l^4}{E}\cdot p_{h,w}\,.$$

Da es sich bei vorliegendem Zahlenbeispiel nur darum handelt, die praktische Anwendung des im vorhergehenden Abschnitte entwickelten Verfahrens zu zeigen, so genügt es, sich auf die Betrachtung der Belastungsfälle 1 und 2 zu beschränken, außerdem soll die Annahme gemacht werden, daß die Glocke an ihrem oberen und unteren Rande fest eingespannt ist.

Belastungsfall 1: Die Auflast von oben betrage 165 t/m. Sie setzt sich zusammen aus dem Eigengewicht der betreffenden Betonkonstruktionen, der Wasserauflast, den Maschinengewichten usw. Es ist dann:

$$R = m_0 + m_1 \xi + m_2 \xi^2 + m_3 \xi^3 = \frac{l^2}{E} a''_\xi \cdot G_0$$

oder, wenn E auf die andere Seite gebracht wird, d. h. es werden nicht die tatsächlichen Durchbiegungen w ermittelt, sondern $\overline{w} = w \cdot E$, so erhält man mit den Zahlenwerten:

$$l = 5{,}0 \text{ m}; \qquad G_0 = 165 \text{ t}; \qquad a''_{(\xi)} = 1{,}16;$$

$$R = 5{,}0^2 \cdot 1{,}16 \cdot 165 = 4780,$$

d. h.

$$m_0 = 4780; \qquad m_1 = m_2 = m_3 + 0.$$

Es soll nun für diesen Belastungsfall das partikuläre Integral nach den beiden Methoden bestimmt werden. Es wird sich zeigen, daß die Übereinstimmung der Resultate eine sehr gute ist, so daß man sich für das Weitere auf die Anwendung der zweiten Methode, die eine wesentliche Erleichterung der Rechenarbeit mit sich bringt, beschränken kann.

Nach S. 80 ergibt sich für $\overline{w}_p = \varphi(\xi)$

$$\overline{w}_p = \varphi(x) = 142{,}2\,\xi^4 + 67{,}05\,\xi^5 + 35{,}1\,\xi^6 + 19{,}7\,\xi^7 + 7{,}615\,\xi^8$$
$$+ 4{,}3445\,\xi^9 + 2{,}919\,\xi^{10} + 2{,}005\,\xi^{11} + \cdots,$$

und für verschiedene Werte der Veränderlichen ξ erhält man:

Tabelle 3.

Stelle	$\varphi(\xi)$	$\varphi'(\xi)$	$\varphi''(\xi)$
$\xi = 0$	0	0	0
$\xi = 0{,}2$	—	—	$+\quad 80{,}9630$
$\xi = 0{,}4$	—	—	$+\quad 396{,}7486$
$\xi = 0{,}6$	—	—	$+\,1152{,}9800$
$\xi = 0{,}8$	—	—	$+\,2732{,}7000$
$\xi = 1{,}0$	280{,}9335	1403{,}8155	$+\,6150{,}3000$

Die vollständige Lösung der Differentialgleichung:

$$\overline{w} = -\varphi(\xi) + C_0 f_0(\xi) + C_1 f_1(\xi) + C_2 f_2(\xi) + C_3 f_3(\xi)$$

enthält 4 willkürliche Konstante, zu deren Bestimmung 4 Randbedingungen vorgeschrieben werden müssen. Für den Fall der oben und unten eingespannten Glocke erhält man:

an der Stelle $\xi = 0$; $w = 0$; $\dfrac{dw}{d\xi} = 0$ (eingespanntes Ende);

an der Stelle $\xi = 1$; $w = 0$; $\dfrac{dw}{d\xi} = 0$ (eingespanntes Ende).

Die 4 Bestimmungsgleichungen für die willkürlichen Konstanten lauten dann:

$$\left.\begin{aligned}
C_0 f_0(0) + C_1 f_1(0) + C_2 f_2(0) + C_3 f_3(0) &= \varphi(0); \\
C_0 f_0'(0) + C_1 f_1'(0) + C_2 f_2'(0) + C_3 f_3'(0) &= \varphi'(0): \\
C_0 f_0(1) + C_1 f_1(1) + C_2 f_2(1) + C_3 f_3(1) &= \varphi(1); \\
C_0 f_0'(1) + C_1 f_1'(1) + C_2 f_2'(1) + C_3 f_3'(1) &= \varphi'(1).
\end{aligned}\right\} \quad (33)$$

Woraus sich nach Einsetzen der Zahlenwerte ergibt:

$$C_0 = 0; \quad C_1 = 0; \quad C_2 = -157{,}705; \quad C_3 = +239{,}430\,.$$

Nach der auf den S. 81 bis 83 entwickelten zweiten Methode erhält man nach Einsetzen der entsprechenden Zahlenwerte die 3 Gleichungen zur Ermittlung von α_0, α_1 und α_2:

$$2616{,}4\,\alpha_0 + 1002{,}1\;\alpha_1 + 566{,}1\;\alpha_2 = 239\,000,$$
$$1002{,}1\,\alpha_0 + 566{,}1\;\alpha_1 + 377{,}55\,\alpha_2 = 104\,539,$$
$$566{,}1\,\alpha_0 + 377{,}55\,\alpha_1 + 277{,}2\;\alpha_2 = 64\,291,$$

deren Auflösung folgende Werte ergibt:

$$\alpha_0 = 74{,}460; \qquad \alpha_1 = -4{,}458; \qquad \alpha_2 = +85{,}939,$$

somit lautet der Ausdruck für das partikuläre Integral:

$$\overline{w}_p = \psi(\xi) = \alpha_0 + \alpha_1\,\xi + \alpha_2\,\xi^2 = +74{,}460 - 4{,}458\,\xi + 85{,}939\,\xi^2,$$

und für verschiedene Werte von ξ erhält man:

Tabelle 4.

Stelle	$\psi(\xi)$	$\psi'(\xi)$	$\psi''(\xi)$
$\xi = 0$	$+\ 74{,}460$	$-\ 4{,}458$	$171{,}879$
$\xi = 0{,}2$	$+\ 77{,}006$	—	$171{,}879$
$\xi = 0{,}4$	$+\ 86{,}427$	—	$171{,}879$
$\xi = 0{,}6$	$+102{,}723$	—	$171{,}879$
$\xi = 0{,}8$	$+125{,}895$	—	$171{,}879$
$\xi = 1{,}0$	$+155{,}941$	$+167{,}421$	$171{,}879$

Die Konstanten der allgemeinen Lösung der Differentialgleichung:

$$\overline{w} = -\psi(\xi) + C_0 f_0(\xi) + C_1 f_1(\xi) + C_2 f_2(\xi) + C_3 f_3(\xi)$$

werden mit Hilfe der 4 Bestimmungsgleichungen (33) erhalten, wobei statt $\varphi(\xi)$ jetzt das entsprechende $\psi(\xi)$ einzusetzen ist.

Man erhält so:

$$C_0 = +74{,}46; \quad C_1 = -4{,}458; \quad C_2 = -72{,}552; \quad C_3 = +239{,}425.$$

Belastungsfall 2: Bei der Betrachtung des Eigengewichts der Saugrohrglocke hatte das Störungsglied der Differentialgleichung die Form:

$$R = m_0 + m_1\,\xi + m_2\,\xi^2 + m_3\,\xi^3$$

$$= \frac{l^4}{E}\left[\frac{\gamma}{l}\,h_{(\xi)}\cdot a'_{(\xi)} + \frac{a''_\xi}{l^2}\cdot(G_0 + \gamma\cdot l\int h_{(\xi)}\cdot d\,\xi)\right].$$

Mit:
$$l = 5{,}0\ \mathrm{m}; \quad \gamma = 2{,}4\ \mathrm{t/cbm};$$
$$h_{(\xi)} = 2{,}56 - 0{,}54\,\xi - 0{,}48\,\xi^2;$$
$$a_{(\xi)} = 4{,}92 + 0{,}3\ \ \xi + 0{,}58\,\xi^2;$$
$$a'_{(\xi)} = 0{,}3\ \ + 1{,}16\,\xi;$$
$$a''_{(\xi)} = 1{,}16$$

erhält man:

$$R = 230{,}5 + 1733{,}9\,\xi - 325{,}125\,\xi^2 - 222{,}69\,\xi^3,$$

so daß:

$$m_0 = +230{,}5; \quad m_1 = +1733{,}9; \quad m_2 = -325{,}125; \quad m_3 = -222{,}69$$

und damit durch Einsetzen in die Gleichung (28):

$$2616{,}4\,\alpha_0 + 100{,}1\ \ \alpha_1 + 566{,}1\ \ \alpha_2 = 43\,788;$$
$$1002{,}1\,\alpha_0 + 566{,}1\ \ \alpha_1 + 377{,}55\,\alpha_2 = 20\,249;$$
$$566{,}1\,\alpha_0 + 377{,}55\,\alpha_1 + 277{,}2\ \ \alpha_2 = 15\,062.$$

Die Auflösung dieser Gleichungen ergibt:

$$\alpha_0 = +32{,}971; \quad \alpha_1 = -151{,}993; \quad \alpha_2 = +193{,}924,$$

und somit lautet der Ausdruck für das partikuläre Integral:

$$\overline{w}_p = \psi(\xi) = \alpha_0 + \alpha_1\,\xi + \alpha_2\,\xi^2 = +32{,}971 - 151{,}993\,\xi + 193{,}924\,\xi^2.$$

Für verschiedene Werte von ξ erhält man:

Tabelle 5.

Stelle	$\psi(\xi)$	$\psi'(\xi)$	$\psi''(\xi)$
$\xi = 0$	$+32{,}971$	$-151{,}993$	$+387{,}848$
$\xi = 0{,}2$	$+10{,}330$	—	$+387{,}848$
$\xi = 0{,}4$	$+\ 3{,}202$	—	$+387{,}848$
$\xi = 0{,}6$	$+11{,}589$	—	$+387{,}848$
$\xi = 0{,}8$	$+35{,}489$	—	$+387{,}848$
$\xi = 1{,}0$	$+74{,}903$	$+235{,}856$	$+387{,}848$

Die 4 willkürlichen Konstanten der Differentialgleichung ergeben sich wieder mit Hilfe der Gleichung (33) zu:

$$C_0 = +32{,}971; \quad C_1 = -151{,}993; \quad C_2 = +178{,}962; \quad C_3 = +37{,}789.$$

Damit sind alle Zahlenwerte bestimmt, die für die weitere Berechnung gebraucht werden.

Das Biegungsmoment bestimmt sich nach Formel (2a) auf S. 73

$$b_x = - \frac{E \cdot J_s}{1 - v^2} \cdot \frac{d^2 w}{d x^2}$$

oder bei Vernachlässigung der Querdehnung und Einführung von $\xi = \dfrac{x}{l}$

$$b_x = - \frac{E \cdot J_s}{l^2} \cdot \frac{d^2 w}{d \xi^2} = - \frac{J_s}{l^2} \, \overline{w}'',$$

wobei

$$\overline{w}'' = - \psi''(\xi) + C_0 f_0''(\xi) + C_1 f_1''(\xi) + C_2 f_2''(\xi) + C_3 f_3''(\xi).$$

Die Ringkraft wird mit Hilfe von Formel (2) auf S. 73 ermittelt.

$$s_\varphi = h_{(\xi)} \cdot E \cdot \frac{w}{a} = h_{(\xi)} \cdot \frac{\overline{w}}{a},$$

wobei

$$\overline{w} = - \psi(\xi) + C_0 f_0(\xi) + C_1 f_1(\xi) + C_2 f_2(\xi) + C_3 f_3(\xi).$$

Man erhält dann:

Tabelle 6.

| Stelle | Biegungsmomente | | | Ringkraft | |
| | Auflast | | Eigengewicht | Auflast | Eigengewicht |
	Erste Methode mt	Zweite Methode mt	mt	t/m	t/m
$\xi = 0$	+ 17,65	+ 17,71	+ 1,67	0	0
$\xi = 0,2$	+ 2,59	+ 2,67	+ 0,11	− 6,10	− 0,18
$\xi = 0,4$	− 5,35	− 5,18	− 0,26	− 5,07	+ 1,09
$\xi = 0,6$	− 6,36	− 6,47	− 0,48	− 5,36	− 1,07
$\xi = 0,8$	− 0,41	− 0,43	− 0,33	− 2,19	+ 0,52
$\xi = 1,0$	+ 8,24	+ 8,34	+ 0,74	0	0

Auf Abb. 35a bis c sind die rechnerisch ermittelten Momenten- und Ringkraftlinien graphisch dargestellt.

Der Vergleich der Momenten- und Ringkraftflächen zeigt, daß der Einfluß der Auflasten bei weitem überwiegt. Im besonderen Grade gilt das in bezug auf die Biegungsmomente, während die Ringkräfte sich nicht in dem Maße unterscheiden.

Ferner erkennt man — und dieses ist in bezug auf die Bauausführung besonders wichtig —, daß infolge der statisch günstigen Wirkung des Systems keine erheblichen Biegungsmomente bei den meist vorkommenden Konstruktionsformen hervorgerufen werden.

Die Betondruckspannung infolge der Auflast beträgt am oberen Rande ($\xi = 0$):

$$\sigma_d = \frac{165\,000}{256 \cdot 100} = 6,4 \ \text{kg/cm}^2.$$

Durch das Biegungsmoment $b_x = 19{,}38$ mt entsteht:

$$\sigma_b = \frac{M}{W} = \frac{19{,}38 \cdot 6}{2{,}56^2} = 17{,}7 \ \text{t/m}^2 = 1{,}8 \ \text{kg/cm}^2.$$

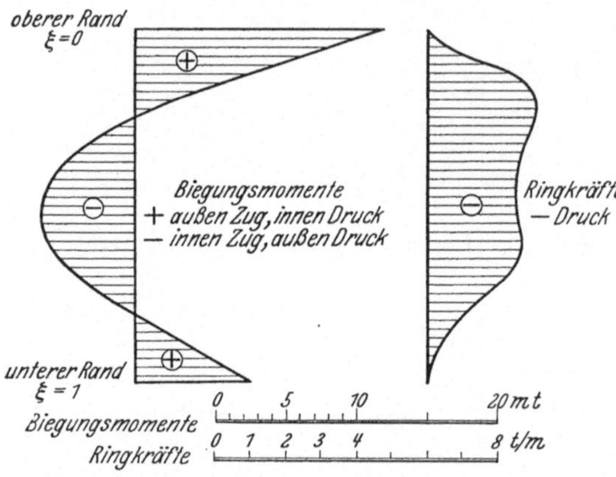

Abb. 35 a. Biegungsmomente und Ringkräfte infolge Auflast.

Man erhält demnach für die Randspannungen:

$$\sigma_1 = 6{,}4 + 1{,}8 = 8{,}2\,\text{kg/cm}^2,$$
$$\sigma_2 = 6{,}4 - 1{,}8 = 4{,}6\,\text{kg/cm}^2,$$

d. h. es treten überhaupt keine Zugspannungen auf.

Trotzdem dürfte es sich aber doch empfehlen, eine leichte Bewehrung anzuordnen, sowohl in Längsrichtung der Glocke wie auch in den Ringquerschnitten. Es ist doch zu bedenken, daß Beton ein verhältnismäßig sprödes Material ist, so daß eine leichte Bewehrung mit Rücksicht auf die zu erwartenden und rechnerisch schwer faßbaren Eigenschwingungen der Saugrohrglocke schon am Platze sein dürfte.

Jedenfalls kann aus den Betrachtungen dieses Abschnittes gefolgert werden, daß derartige Saugrohrformen in baukonstruktiver Hinsicht keinerlei Schwierigkeiten bereiten. Dieses wird durch die Entwicklung, welche dieses Konstruktionsprinzip in Amerika genommen hat, voll und ganz bestätigt.

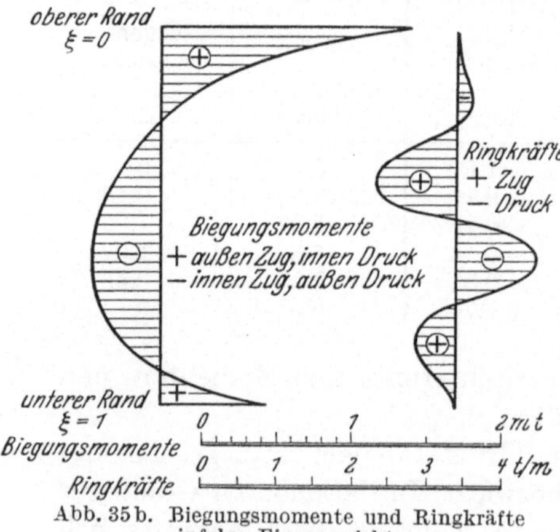

Abb. 35 b. Biegungsmomente und Ringkräfte infolge Eigengewicht.

d) Konstruktive Durchbildung der besonderen Saugrohrformen.

Nachdem in den vorhergehenden Abschnitten die Berechnungsmethoden der Saugrohrglocke einer näheren Betrachtung unterzogen wurden, soll nun die konstruktive Durchbildung derselben kurz besprochen werden.

Man wird auch hier die zwei Fälle zu unterscheiden haben:

1. Keine Stützen vorhanden. Die Saugrohrglocke dient nur ihrem engeren Zweck.

2. Am unteren Umfang der Glocke sind Stützschaufeln angeordnet. Der Mantel der Saugrohrglocke wird zur direkten Überleitung der Auflasten in den Boden herangezogen.

Wenn unten keine Stützen angeordnet sind, so lauten die vier Randbedingungen: oberes Ende eingespannt, d. h. an der Stelle $\xi = 0$ ist:

$$w = 0 \quad \text{und} \quad \frac{dw}{d\xi} = 0,$$

unteres Ende frei, d. h. an der Stelle $\xi = 1$ ist:

$$M = 0 \quad \text{und} \quad Q = 0.$$

Die Glocke ist in diesem Falle an die Deckenplatte der Saugkammer angehängt. Zwecks Aufnahme der entstehenden Zugkräfte müssen am besten gleichmäßig über die ganze Fläche verteilte Längseisen angeordnet werden (Abb. 27). Die am inneren und äuße-

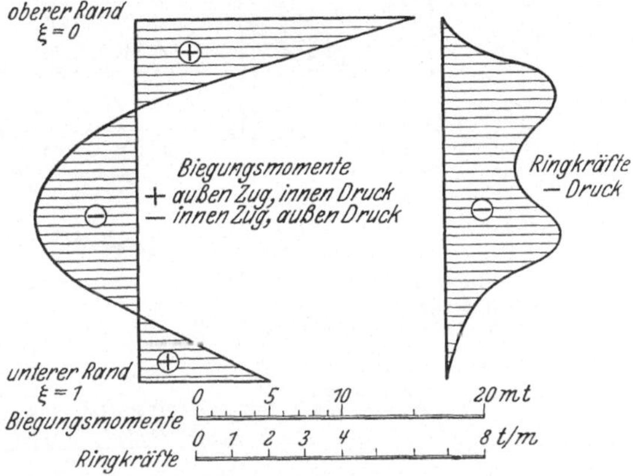

Abb. 35 c. Biegungsmomente und Ringkräfte infolge Eigengewicht und Auflast.

ren Mantel der Glocke befindlichen Längseisen müssen auch die auftretenden zusätzlichen Biegungsspannungen übertragen. Außerdem wird man außen und innen Ringeisen anordnen.

In manchen Fällen kann es von Vorteil sein, steife Eiseneinlagen zu verwenden, wie dies aus Abb. 36 ersichtlich ist. Die Längsbewehrung besteht hier aus zwölf Fachwerken, die oben an einen vier- oder sechseckigen Rahmen angehängt werden. Dieser Rahmen besteht entweder aus Walzprofilen oder Blechträgern und wird vermittels provisorischer Säulen auf den Untergrund abgestützt. Diese Anordnung hat den Zweck, die Montage und Bauausführung zu erleichtern. Nach Fertigstellung und Erhärtung des Betons werden die Stützen wieder entfernt.

Dient die Glocke auch als innerer Stützpunkt der Saugkammerdecke, so sind die Randbedingungen entsprechend den örtlichen Verhältnissen festzusetzen. Meistens wird man am oberen Rand Einspannung annehmen können, während am unteren Rand je nach Anzahl, Form und Lage der Stützen volle Einspannung, gelenkige Lagerung oder auch ein Zwischenzustand angenommen werden kann.

Da jetzt die Glocke nicht an die Deckenplatte angehängt ist, so können die reinen Zugeisen in Fortfall kommen. Dagegen wird man am Fuß der Saugrohrglocke besondere Maßnahmen zur Überleitung des Kraftflusses aus dem Glockenmantel in die Stützen treffen müssen. Dieser Bewehrung kommt je nach der Anzahl und Form der Stützen

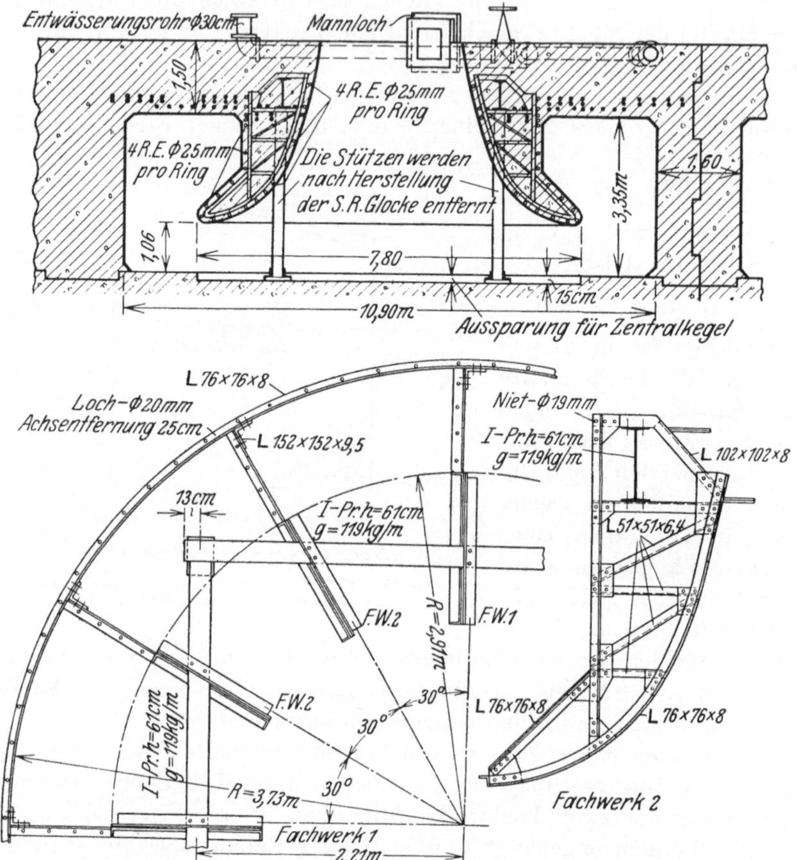

Abb. 36. Moody-Saugrohr. Steife Bewehrung einer Saugrohrglocke. [Power 58, Nr. 22 (1925).]

eine mehr oder minder große Bedeutung zu. Man wird aus diesem Grunde lastverteilende Ringeisen besonders im geschwungenen Glockenfuß anordnen, ferner durch besonders geflochtene Eisenkörbe dafür sorgen, daß lokale Überbeanspruchungen vermieden werden.

Die aus Stahlguß bestehenden Stützen erhalten einen mit Rippen versehenen Kopf und Fuß und werden durch genügend lange Querbolzen mit dem Beton bzw. Felsen gut verankert. Diese Stützen werden nicht nur auf Druck, sondern daneben auch auf Biegung beansprucht.

Da bei der Berechnung am ganzen Umfang volle bzw. elastische Einspannung oder auch gelenkige Lagerung angenommen wird und tatsächlich nur eine beschränkte Anzahl Stützen vorhanden sind, so ist das auf einen gewissen Teil des Umfanges anfallende Biegungsmoment durch die Stütze zu übertragen. Diese Konzentration der Biegungsmomente ist auch bei der Anordnung der Längsbewehrung entsprechend zu berücksichtigen.

Es ist auch wohl zu überlegen, in welcher Weise die Abstützung erfolgen soll. Im allgemeinen läßt sich sagen, daß eine größere Zahl von Stützen statisch sehr vorteilhaft ist, ohne mit ins Gewicht fallenden wirtschaftlichen Nachteilen verbunden zu sein. Jedenfalls sollte man nach Möglichkeit nicht unter sechs bis acht Stützen heruntergehen, da die sonst unvermeidliche Zusatzverbiegung und Verwindung zu Nebenspannungen führt, welche sich in der Größenordnung nicht sehr von den Grundspannungen unterscheiden dürften.

Im Institut für Strömungsmaschinen der Technischen Hochschule Karlsruhe, Vorstand Prof. Spannhake, werden zur Zeit vergleichende Modellversuche mit verschiedenen Saugrohrformen durchgeführt. Hierbei soll auch die in bautechnischer Beziehung so wichtige Frage des Einflusses der Anzahl und Form der Stützen untersucht werden.

Was nun die Berechnung und konstruktive Durchbildung der von Prof. Spannhake vorgeschlagenen Saugrohrform (Abb. 3) betrifft, so kommen hierfür dieselben Grundlagen und Grundsätze zur Anwendung wie bei den amerikanischen Bauarton.

Die statische Berechnung und Dimensionierung der Saugkammerdecke kann unmittelbar nach Kapitel V, 1 c, dieses Abschnittes erfolgen. Bei der Berechnung und Anordnung der Eiseneinlagen der Saugrohrglocke ist zu beachten, daß jetzt die Wandungen hauptsächlich zur Führung des vom Laufrad der Turbine abströmenden Wassers dienen. Sie werden daher im unteren Teil nur durch Eigengewicht und durch den geringen im Saugrohr herrschenden Unterdruck beansprucht. Von einer Berechnung als doppelt gekrümmte Schale kann abgesehen werden. Für den praktischen Zweck genügt es vollständig, elastische Einspannung in die Eisenbetonstützen der Saugkammerdecke anzunehmen. Die Hauptbewehrung wird also von Ringeisen gebildet. Im übrigen wird die Bewehrung auch bei dieser Bauart mehr nach konstruktiven Gesichtspunkten eingelegt, da man schon aus rein praktischen Gründen dem Saugrohr stärkere Abmessungen geben wird, als es nach der statischen Berechnung notwendig wäre. Besonders ist dieses im oberen Teil der Saugrohrglocke zu beachten, weil die Eisenbetonstützen nicht direkt bis unter die Deckenplatte reichen. Außerdem wird man durch stärkere Ringeisen die Lastübertragung in dieser Zone sichern.

Beim Moody - Saugrohr und auch bei einigen von Prof. Spannhake untersuchten Saugrohrformen kommen Betonkegel im Saugrohrinnern zur Anwendung.

Derartige Zentralkegel werden gewöhnlich als Eisenbetonkonstruktionen ausgeführt und durch 1,0 bis 2,0 m tief in den Felsen reichende Bolzen mit dem Untergrund verankert. Zur Bewehrung werden sowohl schlaffe als auch steife, mit Bügeln umschlossene Eiseneinlagen verwendet. Da der Kegel sowohl auf Biegung als auch auf Torsion, besonders im oberen Teil, beansprucht wird, so ist außer der Längs- und Ringsbewehrung noch eine besondere Torsionsbewehrung[1] im oberen Teil anzuordnen. Diese besteht aus schrägen Spiraleisen, welche die im Beton wirkenden Zugkräfte zu übernehmen haben. Längseisen allein wirken nur unbedeutend auf Torsion mit. Ringe allein sind wertlos. Längseisen und Ringe zusammen erhöhen zwar den Widerstand gegen Drehung, bleiben aber in ihrer Wirkung weit hinter den Spiralen zurück. Die Spiraleisen sollten etwa bis zur halben Höhe des Kegels reichen.

Saugrohrfutter. Im allgemeinen dürfte es sich empfehlen, den Saugrohrhals, d. h. den oberen Teil der Saugrohrglocke, mit einer Stahlblech- oder Gußstahlverkleidung zu versehen, um den Beton vor Angriffen zu schützen. Da das vom Laufrad der Turbine abfließende Wasser eine recht erhebliche Geschwindigkeit besitzt, so haben sich in Fällen, wo eine solche Verkleidung fehlte, Zerstörungserscheinungen am Beton gezeigt, die bis auf 40 bis 50 cm in die Tiefe reichten[2] und eine Lockerung der Ankerbolzen usw. der festen Turbinenteile herbeiführten. Durch die Anordnung eines leichten Stahlblechfutters können derartige Schäden vermieden werden.

Um Korrosionserscheinungen am Beton zu vermeiden, sollte nach Ansicht der Amerikaner die Wassergeschwindigkeit 3 m/sec nicht überschreiten.

F. Bauausführung.

Die Gründung des Krafthausunterbaues erfolgt in der Regel in offener, von Spundwänden oder Fangdämmen umschlossener Baugrube unmittelbar auf den Felsen. Durch in den Felsen einbindende Rippen und Einlassen der Hauptpfeiler zwischen den Turbinenkammern in den Felsen wird man für einen soliden Anschluß des Fundamentbetons sorgen. Zur weiteren Erhöhung der Standsicherheit des Bauwerkes werden oft noch starke Rundeisen unter den Einlaufpfeilern in den Felsen verankert. Jedoch sind, besonders in Amerika, auch schon Kraft-

---

[1] Vgl. Three 70000 H. P. turbines installed at Niagara Falls. Engg. News Rec. **1925**, Nr 8.

[2] Creager, W. P. u. J. D. Justin: Hydro-electric handbook.

werke auf schlechterem Boden, sogar auf Fließsand gegründet worden[1]. So ergaben die beim Bau des Sherman-Island-Kraftwerkes vorgenommenen Schürfungen und Bohrungen, daß unter dem ganzen Krafthaus sich Fließsand befand. Das Problem der Fundierung wurde dort so gelöst, daß die Gründungsfläche durch 8 m tief unter Gründungssohle gerammte eiserne Spundbohlen sozusagen in 10 Kasten geteilt wurde. Diese Abschnitte wirken wie Sandsäulen, welche die anfallenden Lasten auf den sicheren Baugrund übertragen. Mit Rücksicht auf die auf das Bauwerk wirkenden horizontalen Kräfte und um ein Herausquellen des Sandes vor dem Krafthaus zu verhindern, wurde eine Eisenbetonschürze so weit vorgezogen, bis sie auf guten Kies zu liegen kam. Schwere Strebepfeiler verbanden die Schürze mit der Vorderfront des Krafthauses. Beobachtungen zeigten, daß während des Baues ein Setzen stattfand, das später aufhörte. Am Bauwerk selbst haben sich keinerlei Schäden gezeigt.

Es erübrigt sich, an dieser Stelle auf die mit der Betonherstellung zusammenhängenden Fragen näher einzugehen, da vorausgesetzt werden kann, daß die Ergebnisse der modernen Forschungstätigkeit auf diesem Gebiet jedem ernsten Baufachmann bekannt sind. Es sei hier nur darauf hingewiesen, daß bei den im Krafthausbau vorkommenden Beton- und Eisenbetonkonstruktionen nicht nur optimale Festigkeitseigenschaften anzustreben sind, sondern daß es sich hier vor allem auch um die Herstellung eines dichten, d. h. wasser- und luftdichten Betons handelt.

Zum Einbringen der oft recht erheblichen Betonmassen wird heute vorzugsweise das Gießverfahren angewendet, das bekanntlich große wirtschaftliche Vorteile gegenüber den anderen Methoden besitzt. Hierbei ist der Behandlung und Anordnung der notwendig werdenden Arbeitsfugen besondere Aufmerksamkeit zu schenken. So wurde beim Bau des Lilla-Edet-Kraftwerkes[2] das ganze Bauwerk in einzelne „Monolithe" untergeteilt, die ohne Fuge, in einem Guß, herzustellen waren. Die Einteilung wurde so getroffen, daß eine etwaige Rißbildung an den Rändern der einzelnen Monolithe keinen wesentlichen Schaden an der Einrichtung des Krafthauses hervorrufen konnte. Außerdem wurden die Gußfugen mittels besonderer Eiseneinlagen und Verzahnungen nach Möglichkeit rißsicher ausgebildet. Die äußersten Blöcke wurden zuerst ausgeführt; erst drei Monate später, nach erfolgtem Schwinden, wurden die Zwischenblöcke gegossen. Eine Ausnahme von dieser Ausführungsart bildete der Boden des Maschinensaales, wo auch die reinen Temperaturdehnungen wegen der großen, mit dem Generatorenbetrieb verbundenen Wärmeschwankungen zu große Bean-

---

[1] Power **58**, Nr 22 (1923).   [2] Ludin: Die nordischen Wasserkräfte.

spruchungen hervorgerufen hätten. Man fand es daher für richtiger,
hier auf eine Vereinigung der drei Monolithe durch die erwähnten
konstruktiven Maßnahmen zu verzichten und im Gegenteil frei wirksame gedichtete Dehnungsfugen anzuordnen. In ähnlicher Weise ist
man auch beim Bau des Großkraftwerkes Ryburg-Schwörstadt vorgegangen, nur daß man hier zwischen jedem Aggregat eine durchgehende
Trennungsfuge angeordnet hat. Auf die Notwendigkeit solcher Trennungsfugen wurde bereits in einem vorhergehenden Abschnitt hingewiesen.

Abb. 37. Kraftwerk Ryburg-Schwörstadt. Blick in die Baugrube. Bauzustand Anfang Januar 1930

Bei ungenügender Anzahl und Ausbildung dieser Fugen werden schwere
Schäden nicht zu vermeiden sein. Den Schwinderscheinungen des Betons ist durch sorgfältige und reichliche Benetzung Sorge zu tragen.
Auch beim Bau des Niagara-Kraftwerkes in Amerika (Abb. 27) wurden
besondere konstruktive Vorkehrungen zur Sicherung der Arbeitsfugen
getroffen. Da die 4 m starke Saugkammerdecke in zwei Abschnitten be-
toniert werden mußte, so wurden über die ganze Fläche verteilt besondere
25 mm starke vertikale Rundeisen in 60 cm Entfernung angeordnet, um
einen sicheren Verband herzustellen. Außer diesen vertikalen Eisen
wurden noch Steinblockeinlagen zur weiteren Sicherung vorgesehen.
    Um die Wasserdichtigkeit der Betonkonstruktionen der Einlauf-
spirale und des Saugrohres zu erhöhen, wird außer den allgemeinen

Maßnahmen zur Herstellung eines dichten Betons oft noch ein guter Zementmörtelverputz innen aufgebracht. Da es aber trotzdem nicht völlig ausgeschlossen ist, daß im Beton der Turbineneinläufe und des Maschinenhausbodens Druckwasser eindringt, das an den oberwasserseitigen Maschinenhauswandungen oder am Boden austreten könnte, wurden u. a. beim Bau des Krafthauses der Anlage Gösgen an der Aare und des Großkraftwerkes Ryburg-Schwörstadt noch besondere Maßnahmen durch Anordnung einer Dränage vorgesehen. Es wurde in der Fußbodenplatte des Maschinenhauses in der Nähe der Betonoberfläche eine poröse Betonschicht von 30 cm Stärke eingebracht, die beiderseits Gefälle nach der Pfeilermitte hat. Von hier wird das Sickerwasser durch eingelegte Dränagerohre in das Unterwasser abgeführt.

Bei Anordnung eines Stützschaufelringes wird in der Regel angenommen, daß durch die Schaufeln des festen Leitapparates die gesamten Maschinengewichte sowie ein Teil des Eigengewichts und der Auflasten der Spiralendecke auf den Unterbau übertragen werden. Das Auflager für den Maschinenhausboden kommt aber erst nach der Montage der festen Turbinenteile und nach Einbetonieren des ringförmigen Turbinenuntersatzes im oberen Teil des Saugrohres bzw. nach Ausgießen der Fuge zwischen der Deckenplatte der Einlaufspirale und dem oberen Stützschaufelring zur Wirkung. Es muß daher auch während der Bauausführung dafür gesorgt werden, daß die Voraussetzungen der statischen Berechnung vorhanden sind. Man wird aus diesem Grunde provisorische, nicht zu knapp bemessene Betonsäulen anordnen, durch die der Maschinenhausboden auf den Spiralboden abgestützt wird (Gösgen, Ryburg-Schwörstadt u. a.). Diese Säulen werden nach Fertigstellung und Erhärten der Betonkonstruktionen und nach vollendeter Montage oben und unten abgemeißelt und aus der Kammer entfernt. Auch bei der Herstellung der Saugrohrglocken in amerikanischen Wasserkraftanlagen wurde von dieser Vorkehrung Gebrauch gemacht. Da die geringsten Setzungen verhindert werden mußten, boten Holzpfosten dafür zu wenig Sicherheit, es wurden daher z. B. beim Bau der Muscle-Shouls-Anlage[1] provisorische Betonstützen am unteren Umfang der Saugrohrglocke angeordnet, die das Gewicht der Glocke aufzunehmen hatten, bis der Beton erhärtet war. Für den gleichen Zweck waren beim Bau des Sherman-Island-Kraftwerks eiserne Stützen vorgesehen, die auch nach Fertigstellung abgeschnitten und entfernt wurden.

Auch beim Einbau der gußeisernen Laufradkammer und der festen Turbinenteile wird man sich mit Vorteil solcher provisorischer Betonstützen bedienen können[2].

---

[1] Weltkraftkonferenz Basel 1926, Bericht von Cooper.
[2] Eckwall u. Munding: Die Maschinenanlage des Kraftwerkes Lilla Edet. Z. V. d. I. **72**, Nr 51 (1928).

Ferner wird man bestrebt sein müssen, die kostspieligen Ausstemmarbeiten sowie die Ausführung von Aussparungen im Betonkörper und nachträgliches Vergießen von Eisenkonstruktionsteilen auf ein Minimum zu beschränken. Aus diesem Grunde wurde z. B. beim Kraftwerk Gösgen die Aufstellung der Schützen und Dammbalkenführungen, sowie der Rechentragkonstruktion vor der Betonierung der anschließenden Betonkonstruktion vorgenommen.

Die Herstellung der Eisenbetonkonstruktionen der Einlaufspirale und des Saugrohres erfordert eine sorgfältige Verlegung der Bewehrungseisen und oft recht erhebliche Schalungsarbeiten. Zunächst darum ganz allgemein einige Worte über die Bearbeitung der Betoneisen und des Schalholzes. Zur Bewehrung der Eisenbetonkonstruktionen des Krafthausunterbaues werden vorwiegend schlaffe Eiseneinlagen, d. h. Rundeisen, verwendet, seltener steife Eiseneinlagen. Die letzteren kommen hauptsächlich bei geringer zur Verfügung stehender Konstruktionshöhe in Frage, wobei meist sogenannte Melanträger, d. h. verschraubte oder vernietete Fachwerkträger, verlegt werden. Ihre Herstellung erfolgt in Eisenbauwerkstätten, auf der Baustelle werden lediglich die Einzelteile zusammengebaut und mit Bügeln umkleidet. Ein Beispiel für die Verwendung von steifen Eiseneinlagen bildet das Ruhrkraftwerk Stiftsmühle bei Hagen[1]. Als Tragkonstruktion der Decke über den Spiralen wurden infolge der großen Spannweite und zu geringer statischer Höhe Melanträger mit Bügelumschnürung und dazwischenliegenden Rundeisenrosten gewählt. Ein weiteres Beispiel der Verwendung von steifen Eiseneinlagen bildet die Bewehrung der Saugrohrglocke der Sherman-Island-Anlage in Amerika (Abb. 36).

Im allgemeinen kommt jedoch eine Rundeisenbewehrung in Frage, da sich hierbei größere wirtschaftliche Vorteile bei der Herstellung der Eisenbetonkonstruktionen ergeben. In diesem Falle erfolgt die Bearbeitung der Bewehrungseisen vorwiegend auf der Baustelle selbst. Der Arbeitsbedarf für das Schneiden, Biegen und Verlegen der Eiseneinlagen richtet sich nach dem Verwendungszweck und dem Durchmesser der Rundeisen. Je schwächer die Eisen, desto größer wird der Arbeitsbedarf für die Bearbeitung und das Verlegen einer Tonne Eisen. Man rechnet im allgemeinen für das Schneiden, Biegen und Verlegen von 1 t schwächerem Eisen, bis zu etwa 14 mm Durchmesser, rund 55 Stunden, für stärkere Eisen etwa 45 Stunden. Auf das Schneiden und Biegen entfallen hiervon 25 bis 35%.

Aber nicht allein zur Aufnahme der Zugspannungen in auf Biegung beanspruchten Eisenbetonkonstruktionen kommen Eiseneinlagen zur Verwendung. Der in der Einlaufspirale herrschende Wasserdruck

---

[1] Spetzler: Die Ausnutzung der Laufwasserkräfte am Hengsteysee. Z. V. d. I. **74**, Nr 23 (1930).

zwingt in manchen Fällen, konstruktive Vorkehrungen zur Aufnahme des Auftriebs auf die Spiralendecke zu treffen. Durch besonders ein-

Abb. 38. Shawinigun-Kraftwerk (U. S. A.). Schalung für die Saugrohrglocke der 40000-PS-Turbinen. [Power Bd. 58, Nr. 10 (1923).]

gelegte Ankereisen werden die vertikal aufwärts gerichteten Auflagerdrücke des Maschinenhausbodens in das Fundament übertragen, und

Abb. 39. Niagara-Kraftwerk (U. S. A.). Schalung der Saugrohrglocke und Saugkammerdecke. (Engg. News Rec. Bd. 85, Nr. 13.)

zwar einerseits durch die Armierung der Spiralenwandung, andererseits durch große Zuganker, die den festen Leitapparat fassen und durch die zu diesem Zwecke hohl ausgeführten festen Führungsschaufeln des Turbineneinlaufs eine Verbindung mit der inneren Spiralwand bilden, wie dies z. B. bei der großen Anlage Gösgen a. d. Aare geschehen ist[1]. Bei den großen hier zur Wirkung kommenden Kräften konnten die Zuganker von 100 mm Durchmesser nicht einfach in den Beton des Unterbaues geführt werden, sondern sie wurden nach dem Austritt aus dem unteren Tragring in vier bis zehn einzelne Stäbe aufgelöst. An den Bolzen sind Briden angeschraubt, an denen je 2 Stäbe angreifen. Da diese Verankerung erst nach fertiger Montage der festen Turbinenteile einbetoniert werden konnte, war es notwendig, entsprechende Verankerungsstäbe, die aus dem Beton des Unterbaues hervorragen, mit einem Gewinde zu versehen. Durch Spannschlösser sind dann diese Stäbe mit den an den Briden befestigten verbunden worden. Dabei mußten die Verankerungseisen im Unterbaubeton natürlich nach Lage und Richtung sehr sorgfältig verlegt werden, damit sie zwecks dieser Verbindung den oberen Eisen genau gegenüber standen.

Abb. 40a. Schalung der Saugrohrglocke.

Abb. 40b. Schalung der Einlaufspirale.
Abb. 40a und b. Muscle-Shoals-Kraftwerk (U. S. A.).
(Engg. News Rec. Jg. 1925, Nr. 18.)

Entsprechend dem großen Einfluß der Schalung und Rüstung auf die Bauherstellung und die Gestaltung der Baukosten wird man den Holzarbeiten besondere Aufmerksamkeit zuwenden. Hierbei erweist es sich oft als wirtschaftlich, die komplizierteren Rüstungen und Scha-

---

[1] Die Wasserkraftanlage Gösgen an der Aare der A.G. Elektrizitätswerk Olten-Aarburg. Mitgeteilt von der A.G.Motor in Baden. Schweiz. Bauzg. **1920,** Nr 17.

lungen auf dem Bauhof der betreffenden Unternehmerfirma herzustellen, wegen der damit verbundenen Arbeitsteilung und der Spezialisierung der Holzarbeiten. Es können dort leichter als auf der Baustelle die verschiedenen Holzbearbeitungsmaschinen bereitgehalten werden, und man wird aus den größeren Holzvorräten eher die notwendigen Stücke heraussuchen, d. h. den Verschnitt verringern können. Wird die Schalung auf dem Werkplatz genügend vorgearbeitet, so genügt auch auf größeren Baustellen eine verhältnismäßig einfache Einrichtung der Werkstätten, die dann in der Hauptsache nur noch die Schalung abzuändern und für die Wiederverwendung zu bearbeiten haben. Auf ganz großen Anlagen kann sich aber auch die Verarbeitung des Holzes unmittelbar auf der Baustelle empfehlen.

Die Betonschalungen sind sehr genau zu bearbeiten. Um die Schalung zu schonen, gleichzeitig aber auch, um glatte Betonflächen zu erhalten und eine Nachbearbeitung zu vermeiden, hat sich einseitiges Hobeln und Ölen der Schalung sehr gut bewährt.

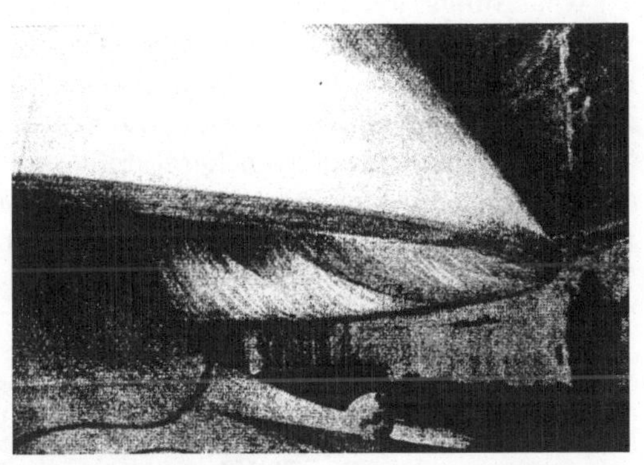

Abb. 40c. Blick in die Saugrohrkammer.

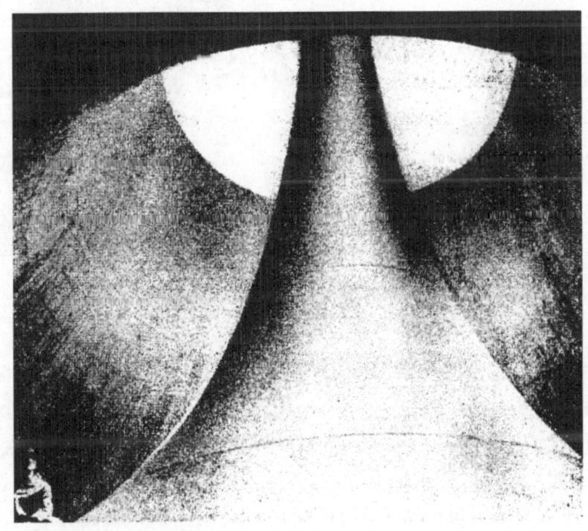

Abb. 40d. Saugrohrglocke und Zentralkegel.
Abb. 40c und d. Muscle-Shoals-Kraftwerk (U. S. A.).
(Engg. News Rec. Jg. 1925, Nr. 18.)

Wenn immer möglich, wird man die Schalung zu ganzen Teilen, Schaltafeln usw. zusammenbauen und auf der Baustelle mit Hilfe von Turmdreh- oder Derrick-Kranen versetzen. Das ergibt begreiflicherweise viel schönere Formen als das Aufstellen einzelner Bretter auf dem Bau, überdies leichtere Wiederverwendung.

Im Krafthausbau werden die verschiedensten Schalformen notwendig, angefangen von einfachen Schaltafeln bis zu der komplizierten Schalung und Rüstung für die Einlaufspirale, den Saugkrümmer, die Saugrohrglocke, den Zentralkegel usw. Einige der Abb. 38 bis 40 zeigen solche kunstvollen Schalungsformen.

Neuerdings werden in der amerikanischen Baupraxis mit großem wirtschaftlichem Erfolge an Stelle der oft recht komplizierten hölzernen Schalung eiserne Schalungsformen verwendet. So wurden beim Bau des Pit-River-Kraftwerks[1] die Glocke und der Zentralkegel des Saugrohrs aus Stahlplatten hergestellt und so montiert, daß sie zuerst als Schalung für die Betonkonstruktionen und nach Fertigstellung als Futter zur Erzielung einer glatten Betonoberfläche dienten. Der Bau-

Abb. 41. Pit-River-Kraftwerk (U. S. A.). Eiserne Schalungsformen für Saugrohrglocke und Zentralkegel. [Engg. News Rec. Bd. 95, Nr. 7 (1925).]

vorgang war hierbei folgender: Nach Herstellung des Krafthausunterbaues bis zur Bodenhöhe der Saugrohrkammer wurde ein schweres hölzernes Gerüst aufgebaut und die Glocke bzw. das Saugrohrfutter auf demselben montiert und vernietet. Ankerbolzen, welche an den Glockenmantel genietet waren, reichten genügend tief in die Saugrohrwandungen hinein und wurden außerdem mit den Bewehrungseisen verbunden. Sodann wurde der Beton zwischen die äußere Holzverschalung und den Stahlmantel eingebracht. Nach Erhärten des Betons konnte die äußere Verschalung und das hölzerne Montagegerüst entfernt werden, worauf der ebenfalls aus Stahlplatten bestehende Zentralkegel montiert werden konnte. Die Stahlplatten des Kegels sind am unteren Umfang mit einem besonderen Ankerring verbolzt, der wiederum in den Fundamentbeton verankert ist. Eine im Innern des Kegels befindliche eiserne Fachwerkkonstruktion war mit der Stoß-

---

[1] Engg. News Rec. **95**, Nr 7 (1925).

lasche in halber Kegelhöhe verbunden und diente als Montagegerüst und später als Verbindung zwischen Beton und Stahlplatten. Die Spitze dieses Kegels wird von einem Gußstück gebildet. Diese Spitze wurde erst aufgesetzt, nachdem der ganze Kegel mit Beton vergossen war. Durch diese Maßnahmen konnten Ersparnisse von etwa 30% gegenüber der Verwendung von hölzerner Schalung erzielt werden[1].

Hinsichtlich der Herstellungskosten für hölzerne Schalung und Rüstung der besonderen Saugrohrformen lassen sich natürlich allgemeingültige Angaben nicht machen, immerhin dürften folgende aus der amerikanischen Baupraxis entnommene Zahlenwerte auch für den deutschen Leser von Interesse sein[2].

Beim Bau des Muscle-Shoals-Kraftwerks am Tennessee River betrugen die Kosten für Schalung und Rüstung pro Aggregat:

	Herstellungskosten in M	Aufstellungskosten in M	Gesamtkosten in M
Druckrohr . . .	49000,— (81,0%)	11500,— (19,0%)	60500,— (100%)
Saugrohr[3] . . .	32800,— (53,5%)	28500,— (46,5%)	61300,— (100%)
Zentralkegel[3] . .	4900,— (83,0%)	1000,— (17,0%)	5900,— (100%)
Einlaufspirale[3] .	32400,— (81,0%)	7650,— (19,0%)	40050,— (100%)

Von den Gesamtmassen des Krafthauses entfallen auf das Aggregat:

$$\text{Beton} \ldots \ldots 7100 \text{ cbm,}$$
$$\text{Eisenbeton} \ldots 6150 \text{ cbm.}$$

Auf dieser Basis errechnen sich die Schalungs- und Rüstungskosten pro cbm Beton bzw. Eisenbeton:

Schalung und Rüstung	pro cbm Beton M	pro cbm Eisenbeton M
Herstellungskosten	1,87 (23,4%)	14,40 (42,8%)
Aufstellungskosten	4,84 (60,7%)	16,00 (47,7%)
Ausrüsten und Ausschalen.	1,25 (15,9%)	3,20 (9,5%)
Gesamt M	7,96 (100%)	33,60 (100%)

Im Krafthausbau kamen vier verschiedene Betonklassen zur Verwendung. Der Preis (in M/cbm) für 1 cbm Beton bzw. Eisenbeton setzt sich im einzelnen wie in der Tabelle (S. 106) angegeben zusammen.

Die 13250 cbm Beton pro Aggregat kosten im Mittel 62,7 M pro cbm. Im einzelnen kostet der unbewehrte Beton 47,80 M/cbm, der Eisenbeton 79,20 M/cbm.

---

[1] El. World **94**, Nr 13 (1929).   [2] Engg. News Rec. **94**, Nr 18 (1925).
[3] Vgl. Abb. 40.

Gegenstand	Unbewehrter Beton	Schwach bewehrter Beton	Eisenbeton	Eisenbeton für den Krafthaus-Überbau
	M	*M*	*M*	*M*
Zement . . . . ⎤		22,08	20,20	19,80
Sand . . . . ⎬ 29,85	29,85	2,92	2,86	2,42
Kies . . . . ⎥		5,67	6,82	5,83
Steinschlag . . . . . ⎦		0,66	—	—
Steinblockeinlagen . . .	0,06	—	—	—
Mischen.	3,90	5,55	11,77	3,58
Transport	2,25	3,19	7,54	7,87
Einbringen	4,23	6,65	18,36	35,50
Herstellung der Schalung	2,80	13,65	40,20	62,20
Aufstellen der Schalung .	5,78	15,30	44,20	54,00
Ausschalen u. Ausrüsten.	1,32	2,69	9,52	5,35
Gesamtkosten pro cbm .	50,19	78,36	161,47	201,55

Die vorstehend angegebenen Zahlenwerte beziehen sich auf die
reinen Baukosten. Die Kosten für die Hauptzufahrtslinie, die Arbeiter-
siedlung, die Aufsicht, die Verwaltung usw. erforderten den sehr hohen
Zuschlag von 46,8% zu den reinen Baukosten.

Da diese amerikanischen Kostenangaben weitgehend zergliedert
sind, so bieten sie auch für andersgeartete Verhältnisse Anhaltspunkte
für eine überschlägige Preisberechnung. Ferner geben diese Zahlenwerte
die Möglichkeit, den Arbeitsbedarf für die einzelnen Positionen, wenn
auch nur ganz roh, abzuschätzen.

G. Wirtschaftliche Betrachtungen.

Das Saugrohrproblem, das im modernen Turbinenbau eine außerordentlich große Rolle spielt, ist schon vielfach in der Literatur behandelt worden, allerdings mehr vom strömungstechnischen Standpunkt aus. Das ist auch durchaus verständlich, wenn man bedenkt,
daß Turbine und Saugrohr ein einheitliches Ganzes bilden und daher
Form und Abmessungen der Wasserwege vom Turbinenkonstrukteur
festgesetzt werden. Die dabei auftauchenden baukonstruktiven Fragen
sind entweder gar nicht behandelt oder nur ganz flüchtig gestreift
worden. Nun ist aber das Saugrohrproblem nicht nur ein technisches
Problem der Hydraulik, sondern beeinflußt in hohem Maße die bauliche Ausbildung des Krafthauses und damit auch die Wirtschaftlichkeit der Gesamtanlage.

Es war daher die Aufgabe der vorliegenden Arbeit, die mit der
Wahl der Saugrohrform zusammenhängenden baukonstruktiven Fragen
zu behandeln, die Berechnungsgrundlagen der verschiedenen Bauformen zu besprechen und allgemeine Gesichtspunkte für die konstruk-

tive Ausgestaltung der Beton- und Eisenbetonkonstruktionen zu schaffen. Hierdurch kann zugleich auch die verständnisvolle Zusammenarbeit von Turbinenkonstrukteur und Bauingenieur erleichtert werden.

Bei der praktischen Entwurfsarbeit darf man nicht vergessen, daß die statische Berechnung bei Beton- und Eisenbetonbauten, zumal im Wasserbau, einen ganz anderen Sinn als z. B. bei Eisenbauten hat[1]. Der Grund hierfür liegt einerseits in der Natur der Berechnungsannahmen, andererseits in der Eigenart des Materials.

Die konstruktive Ausbildung der Einlaufspirale hat im Gegensatz zum Saugrohr in den letzten Jahrzehnten verhältnismäßig wenig Wandlungen durchgemacht. Um möglichst wirtschaftliche Abmessungen und ein Minimum an Bewehrungseisen zu erhalten, bemüht man sich, die Grundform den statischen Überlegungen anzupassen. Durch Anordnung von Zwischenpfeilern im Einlauf kann die Deckenspannweite wirksam reduziert werden, wobei sich Ersparnisse an Betonmassen und Bewehrungseisen ergeben. Waagerechte Trennwände bewirken eine gute gegenseitige Versteifung des gesamten Unterbaues und äußern sich gleichfalls im günstigen Sinne auf den Kräfteverlauf. Derartige waagerechte und senkrechte Trennwände haben auch den Zweck, das zuströmende Wasser möglichst gleichmäßig der Turbine zuzuführen.

Wenn von einer Entlastung der Spiralendecke durch eine besondere Gewölbe- oder Balkenkonstruktion abgesehen wird, so bestehen zwei Möglichkeiten, die Lasten auf den Untergrund zu übertragen.

Die Überleitung der Maschinengewichte und Wasserdrücke kann entweder durch die Decke selbst erfolgen, indem die Lasten an die Wandung abgegeben werden und von dort weitergeleitet werden, oder die Decke ist am Umfang des Leitrades an einzelnen Punkten unterstützt, und ein großer Teil der Lasten kann vermittels der „Stützschaufeln" direkt weitergeleitet werden. Der erstere Weg wird oft bei kleineren und mittleren Anlagen beschritten, während bei Großwasserkraftanlagen schon aus rein wirtschaftlichen Gründen nur die zweite Möglichkeit in Frage kommt.

Das Problem der Saugrohrausbildung hat im letzten Jahrzehnt vielfach die Fachwelt beschäftigt und teilweise zu ganz neuartigen Formen geführt. Für den modernen Turbinenbau kommen aus wirtschaftlichen Gründen im wesentlichen nur die Saugkrümmer und die in dieser Arbeit als „besondere Saugrohrformen" bezeichneten Bauarten in Frage. In bautechnischer Beziehung ergeben sich weder bei der einen noch bei der anderen Bauart irgendwelche Schwierigkeiten, wie aus den Ausführungen des Abschnittes E hervorgeht.

---

[1] Vgl. Probst: Vorlesungen über Eisenbeton 2. Entwerfen und Berechnung von Beton- und Eisenbetonbauten.

Die Krümmerquerschnitte wirken in der Regel wie Gewölbe- oder
Rahmenkonstruktionen und können als solche nach der Elastizitäts-
theorie berechnet und armiert werden, sofern man nicht, in Anbetracht
der doch nur näherungsweise gültigen Annahmen, es vorzieht, einfachere
Berechnungsmethoden anzuwenden. Für die Berechnung der Saugrohrglocke ist ein Verfahren entwickelt worden, welches für technische
Zwecke hinreichend genau ist. Jedenfalls sind die durch die Näherungslösung entstehenden Fehler nicht größer als die, welche bei jedem derartigen technischen Problem in der Natur der gemachten Annahmen
begründet sind.

Vergleicht man die verschiedenen Möglichkeiten der Saugrohrausbildung in wirtschaftlicher Beziehung miteinander, so müssen sowohl
die strömungs- als auch bautechnischen Charakteristiken der einzelnen
Saugrohre in Erwägung gezogen werden. Ausschlaggebend sind gewöhnlich die hydraulischen Eigenschaften des Saugrohrs. Es ist daher
durchaus verständlich, daß die moderne Forschungstätigkeit in den
strömungstechnischen Laboratorien der Technischen Hochschulen und
führenden Turbinenfabriken bestrebt ist, Saugrohrtypen herauszu-
bringen, mit denen Maximalleistungen zu erzielen sind. Hierbei können
verhältnismäßig kleine Unterschiede im Wirkungsgrad doch eine aus-
schlaggebende Rolle spielen. Es dürfte heutzutage kaum einen In-
genieur geben, der einen Unterschied im Wirkungsgrad von 1 bis 2%
als unwesentlich hinstellen würde. Man weiß, daß der kapitalisierte
Wert der Mehr- oder Minderleistung hierbei in die Millionen gehen kann.

An Hand einer Überschlagsrechnung soll die große Bedeutung der
Saugrohrfrage gezeigt werden.

Es beträgt z. B. die erzeugbare elektrische Arbeit des Großkraftwerkes Ryburg-Schwörstadt[1] im Mittel etwa 650 Mill. kWh jährlich.
Im Durchschnitt kann für Tages- und Nachtstrom etwa 2 $\mathscr{Pf}$ pro kWh
erzielt werden. Dieser Strompreis, der für die Verhältnisse im Ruhr-
gebiet gilt, kann in bezug auf süddeutsche Verhältnisse eher zu niedrig
als zu hoch bezeichnet werden. Der Wirkungsgrad der Maschinen soll
zu 87% angenommen werden. Demnach würde ein Zuwachs des Wirkungsgrades um 1% einem jährlichen Ertrag von

$$R = \frac{650\,000\,000}{87} \cdot 0{,}02 = 150\,000\ M$$

entsprechen. Setzt man für den Zinsfuß sowie für Tilgung und Ab-
schreibung des Anlagekapitals einen jährlichen Betrag von $z + t = 10\%$
fest, so ergibt sich der Kapitalwert zu

$$K = \frac{100 \cdot R}{z + t} = \frac{100 \cdot 150\,000}{10} = 1{,}5\ \text{Mill.}\ M.$$

____

[1] **Haas**: Das Großkraftwerk Ryburg-Schwörstadt am Rhein. Z. V. d. I. **72**,
Nr 3 (1928).

An Hand dieser Zahlen erkennt man die außerordentlich große Bedeutung des Saugrohres und dessen ausschlaggebenden Einfluß auf die Wirtschaftlichkeit der Gesamtanlage. Außerdem bietet aber noch ein Saugrohr mit hohem Wirkungsgrad betriebstechnische Vorteile, indem die Gefahr der Kavitations- und Korrosionserscheinungen vermindert wird.

Gegenüber dem Einfluß der hydraulischen Charakteristiken des Saugrohrs treten die durch Form und Abmessungen bedingten bautechnischen Eigenschaften normalerweise zurück. Die baulichen Vor- und Nachteile der einzelnen Saugrohrtypen sind einerseits in dem erforderlichen umbauten Raum, andererseits in den höheren Herstellungskosten für kompliziertere Bauformen begründet. Es sind nicht immer die kleineren Massen des Felsaushubs, die eine Verminderung der Baukosten herbeiführen, weil die Längen- und Breitenabmessungen sich nicht in gleichem Verhältnis auf die Baukosten auswirken wie die erforderlichen Gründungstiefen. Da bei der Fundierung des Krafthausunterbaues mit Wasserhaltung gearbeitet werden muß, so ist jeder Dezimeter ersparter Gründungstiefe von um so größerer Bedeutung, als Wasserandrang und Wasserdruck nicht in gleichem Maße wie die Tiefe zunehmen, sondern viel schneller anwachsen. Konkrete Angaben in dieser Beziehung lassen sich selbstverständlich nicht machen, weil die Verhältnisse von Fall zu Fall andere sein werden.

Bei Kostenvergleichen sind daher folgende Faktoren in Betracht zu ziehen:

1. Gegenüberstellung der hydraulischen Charakteristiken.

Es handelt sich hierbei vor allem um die Gegenüberstellung der mit den verschiedenen Saugrohrformen erzielbaren Wirkungsgrade bzw. Leistungen. Auf Grund des Maschinenwirkungsgrades, der mittleren Jahreswassermenge, sowie des mittleren Nutzgefälles kann die zu erwartende Jahresleistung an elektrischer Energie und in ähnlicher Weise wie oben der dem Wirkungsgradunterschied entsprechende Kapitalwert bestimmt werden.

Vergleicht man nun in dieser Hinsicht die einzelnen Saugrohrformen miteinander, so lassen sich bekanntlich die besten Wirkungsgrade mit dem langen, geraden Saugrohr erzielen. Leider läßt sich aus wirtschaftlichen Gründen das gerade lange Saugrohr meist nicht anwenden, da es einen tiefen Aushub und damit hohe Baukosten verlangt.

Für den modernen Turbinenbau kommen daher, wie bereits erwähnt, nur die Saugkrümmer und die besonderen Saugrohrformen in Frage. Im europäischen Turbinenbau wurden bis jetzt fast ausschließlich Saugkrümmer, neuerdings vielfach in Form von Kaplankrümmern, angewandt. Die zur Zeit im Bau befindliche Großwasserkraftanlage „Dnjeprostroj" in Rußland wird wohl als erstes europäisches Kraftwerk Moody-Saugrohre erhalten.

Die Suche nach hydraulisch günstigeren Formen, als sie der normale Krümmer darstellt, führte zuerst in Amerika, dann auch in Europa[1] zu besonderen Saugrohrformen. Es entstanden so der White Regainer, das Moody-Saugrohr und neuerdings die in dieser Arbeit als Form Spannhake bezeichnete Saugrohrform. Im allgemeinen lassen sich mit diesen neuartigen Formen höhere Wirkungsgrade als mit den Saugkrümmern erzielen[2]. Dieses zeigen sowohl die in Amerika durchgeführten vergleichenden Modellversuche, als auch u. a. die Untersuchungen im Institut für Strömungsmaschinen an der Technischen Hochschule Karlsruhe.

An Hand eines der Praxis entnommenen Zahlenbeispieles wurde vorhin nachgewiesen, welch große Rolle der Gewinn von nur einem Prozent Wirkungsgrad bei einem Großkraftwerk spielt. Man erkennt daran die außerordentlich große wirtschaftliche Bedeutung der wissenschaftlichen Forschungstätigkeit für die weitere Entwicklung der modernen Wasserkraftnutzung.

2. Gegenüberstellung der Kosten für die Aushubmasse des umbauten Raumes.

Bei der Ermittlung der Aushubmassen sind in Betracht zu ziehen:

a) der erforderliche Aggregatabstand,

b) der erforderliche Abstand von Turbinenachse bis zur Saugkammerrückwand,

c) der erforderliche Abstand von Turbinenachse bis zum Saugrohrende,

d) der erforderliche Abstand von Laufradmitte bis zur Saugrohrsohle.

Wie bereits erwähnt, erfordert das gerade lange Saugrohr außerordentlich große Fundierungstiefen. Bei der Verwendung von geraden Saugrohren in Verbindung mit Propeller- oder Kaplanturbinen müßte der Abstand von Laufradmitte bis Saugrohrunterkante etwa $5\,D*$ betragen, und dementsprechend würden Gründungstiefen erforderlich, die aus wirtschaftlichen Gründen nicht ausführbar sind.

Ganz allgemein läßt sich sagen, daß die geringsten Aggregatabstände und damit auch die geringsten Krafthauslängen sich bei

---

[1] U. a. die Untersuchungen im Laboratorium für Strömungsmaschinen an der Technischen Hochschule Karlsruhe i. B.

[2] Siehe die auf S. 11 angegebenen Literaturquellen.

* $D =$ Durchmesser des Turbinenlaufrades.

Verwendung von Saugkrümmern ergeben, doch können auch hier recht erhebliche Unterschiede festgestellt werden.

So betragen die Aggregatabstände z. B. beim

<pre>
Kraftwerk Ryburg-Schwörstadt . . . . . a = 3,86 D (D = 7,0 m)
Kraftwerk Lilla Edet . . . . a = 2,54 D (D = 5,8 m)
Kraftwerk Chancy-Pougny . . . . a = 2,85 D (D = 5,1 m)
</pre>

Die erforderliche lichte Weite der Saugrohrkammer beträgt:

<pre>
bei den amerikanischen Spreizsaugrohren . . . . a' = 3,7 D
bei der Form Spannhake . . . . a' = 3,45 D
</pre>

Um den Aggregatabstand zu erhalten, müßte zu den hieraus sich ergebenden Maßen noch die Pfeilerstärke hinzuaddiert werden.

Vergleicht man die beiden letzten Zahlenwerte miteinander, so erkennt man, daß die Ersparnis an erforderlicher Breite bei der Form Spannhake etwa 7% beträgt.

Die unter b und c genannten Abstände schwanken bei den Saugkrümmern innerhalb noch weiterer Grenzen. In dieser Beziehung dürften keine erheblichen Unterschiede zwischen den Krümmern und den besonderen Saugrohrformen bestehen.

Betrachtet man den unter d genannten Abstand, so läßt sich bei den modernen Krümmerformen ein wesentlicher Fortschritt gegenüber den älteren Bautypen feststellen. In dieser Beziehung weisen die in den letzten Jahren in Europa erbauten Kraftwerke keine erheblichen Unterschiede im Vergleich zu den Spreizsaugrohren amerikanischer Herkunft auf, dagegen zeigt sich hier die Überlegenheit der Form Spannhake.

Es beträgt der erforderliche Abstand von Laufradmitte bis Saugkammersohle bei:

<pre>
Kraftwerk Ryburg-Schwörstadt . . . . . d = 1,95 D (D = 7,0 m)
Kraftwerk Lilla Edet . . . . d = 2,13 D (D = 5,8 m)
Kraftwerk Chancy-Pougny . . . . d = 2,0 D (D = 5,1 m)
Amerikanische Spreizsaugrohre . . . . . d = 2,0 D
Form Spannhake . . . . d = 1,45 D
</pre>

Bei der letzteren Bauart ergibt sich eine Ersparnis an Gründungstiefe von etwa 22% oder auf die Verhältnisse von Ryburg-Schwörstadt umgerechnet von

$$1,95\,D - 1,56\,D = 0,39\,D = 0,39 \cdot 7,0 = 2,7\;\text{m}.$$

Da es sich hierbei um Felsaushub unter Wasserandrang handelt, so kann die Ersparnis an Baukosten recht erheblich werden.

Bei der Wirtschaftlichkeitsberechnung und Gegenüberstellung der gesamten Aushubmassen ist noch zu beachten, daß die Kosten für 1 cbm Felsaushub mit zunehmender Tiefe der Baugrube nicht verhältnisgleich ansteigen. Es wird daher der Einheitspreis für den Felsaushub bei der Verwendung von Saugrohrtypen mit geringerer erforderlicher Gründungstiefe auch ein geringerer sein als bei den anderen Bauarten.

3. Gegenüberstellung der eigentlichen Baukosten.

Bei der Wirtschaftlichkeitsberechnung sind auch die Kosten für die Herstellung der Beton- und Eisenbetonkonstruktionen sowie für die Schalung und Rüstung einander gegenüberzustellen. Infolge der etwas komplizierteren Bauformen werden sich diese Kosten bei den Spreizsaugrohren höher stellen als bei den Saugkrümmern.

Konkrete Zahlenangaben lassen sich bei der Verschiedenheit der örtlichen Verhältnisse und der Kosten für Arbeitslohn und Material nicht machen, doch dürften die im vorhergehenden Abschnitt aufgeführten Zahlenwerte gewisse Anhaltspunkte auch für deutsche Verhältnisse ergeben.

An dieser Stelle sei noch darauf hingewiesen, daß durch Weglassen der Saugrohrzunge[1], die kostspielige Schalungs- und Rüstungsarbeiten erfordert, eine Verringerung der Baukosten auch bei den Saugkrümmern herbeigeführt werden kann.

Der durchschnittliche Eisenbedarf für die Eisenbetonkonstruktionen des Krafthausunterbaues bei amerikanischen Anlagen wird mit 50 kg/cbm angegeben[2]. Dieser Satz ist in Anbetracht der in der amerikanischen Baupraxis üblichen Verwendung großer Betonmassen als recht hoch anzusprechen und läßt sich wohl durch die dort vielfach üblichen „Sicherheitszuschläge" erklären. Im europäischen Krafthausbau beträgt der Durchschnittssatz bei mittleren Anlagen etwa 20 bis 30 kg/cbm, bei Großkraftwerken etwas mehr. Beim Kraftwerk Ryburg-Schwörstadt betrug der Bedarf an Bewehrungseisen etwa 50 bis 60 kg pro cbm Eisenbeton.

---

[1] Vgl. die Ausführungen auf S. 10.

[2] **Leidinger**: Moderne nordamerikanische Wasserkraftanlagen. Schweiz. Bauzg. **87**, Nr 17 (1926).